大学生工程创新

王志良　于泓　等编著

机械工业出版社

本书从"如何想"和"如何做"两个角度出发，系统介绍了大学生工程创新训练中所涉及的创新能力培养、创新思维训练、硬件技能、软件技能和实践实训五个环节。首先介绍工程创新基本概念、选题立项和产品设计；接着详细介绍嵌入式微控制器、传感器和执行器、无线通信技术和移动终端开发等关键技术；最后借用商业计划书总结归纳，并详细介绍三个典型项目（智能旅行箱、意念四驱车、3D养老小管家）的实现过程。

本书取材于新一届大赛获奖作品，提供较多应用案例。内容丰富、层次清晰，包括大学生工程创新训练整个过程。可作为高等院校相关专业的创新类课程教材，也可作为学生科技竞赛指导书。

图书在版编目（CIP）数据

大学生工程创新 / 王志良等编著 . —北京：机械工业出版社，2016.12
ISBN 978-7-111-55499-8

Ⅰ.①大… Ⅱ.①王… Ⅲ.①大学生－创新工程 Ⅳ.①T－0

中国版本图书馆 CIP 数据核字（2016）第 287378 号

机械工业出版社（北京市百万庄大街 22 号　邮政编码 100037）
策划编辑：罗　莉　　　　　　　责任编辑：罗　莉
责任校对：佟瑞鑫　刘　岚　封面设计：鞠　杨
责任印制：李　飞
北京振兴源印务有限公司印刷
2017 年 1 月第 1 版第 1 次印刷
169mm×239mm · 14.5 印张 · 273 千字
0 001—3001 册
标准书号：ISBN 978-7-111-55499-8
定价：39.00元

前　言

工程是以构建、运行及集成创新为核心的人类活动。它既不是单纯的科学应用，也不是相关技术简单的拼接。工程创新用来特指那些发生在工程中的创新活动。在一项工程中，工程创新贯穿其全过程。如果说研发是创新活动的前哨战场，那么工程创新是创新活动的主战场。在大学里，学以致用的最好体现就是将课堂理论知识与工程实践相结合。而大多数创新活动处于学生自发的、非正规的、不系统的训练摸索中。本书结合大学生工程创新能力培养需求，整理一套适合工科学生的"学科式"创新能力培养模式，将有兴趣的学生及团队集中，方法论加实践实训的培养模式，多维度提高学生工程创新能力。

本书旨在带领读者从"如何想"和"如何做"两个角度出发，用"创新创意"和"技术技能"两条腿实现完整的工程创新项目训练。结合当前热门信息技术，由简到繁，辅以案例与应用，分别从工程创新方法、创新技能训练、实践项目解析三个部分详细介绍大学生工程创新所需的创新思维及实现方法。在培养训练创新思维，选择有创新性且合理可行的题目后，通过可实现的技术手段完成工程创新项目。

大学生工程创新训练以系统的方法论为主，科技技能训练为辅。涉及创新能力培养、创新思维训练，硬件技术训练，软件技术训练、实践实训五个环节。本书共9章：第1章为工程创新，重点介绍工程创新概念、创新思维方法及大学生工程创新训练的基本环节；第2章为选题与立项，简述选题原则与重要性，介绍信息检索方法及如何有效利用信息，最终借用计划书梳理思路；第3章为产品设计，从产品设计的定义出发，强调需求的重要性并介绍产品设计流程，通过UI设计和外观设计两个案例辅助解释设计流程及方法；第4章为嵌入式微控制器，介绍嵌入式系统并引入典型嵌入式微控制器，最后介绍常用的嵌入式系统开源平台；第5章为传感器和执行器，介绍常用传感器、执行器原理及应用；第6章为无线通信技术，结合典型应用介绍蓝牙、ZigBee技术的概念、技术特点及协议规范；第7章为移动终端开发，介绍当前主流移动终端开发平台Android、iOS系统及开发环境；第8章为商业计划书，介绍典型商业计划书的书写格式及内容要求；第9章为创新创业实践项目，从项目概述、关键技术介绍、详细设计到系统测试，详细介绍智能旅行箱、意念四驱车、3D养老小管家3个典型项目的实现过程，辅助说明工程创新的过程及常用方法和技术手段。

本书涉及内容贯穿整个工程创新训练环节，起到辅助、指导及引导作用。可供计算机、通信、物联网等相关信息类学科本科生选用，也可作为科技竞赛指导书使用。授课教师可根据本校的教学计划，灵活调整授课时间。本书建议授课学时为 32 学时：第 1~3 章，建议各安排 2 学时，掌握创新方法，明确选题并完成设计，完成项目准备工作；第 4~7 章，建议各安排 4 学时，了解关键技术并配合实训练习；第 8 章，建议安排 2 学时，了解商业计划书撰写的方式方法；第 9 章，建议安排 8 学时，介绍典型案例并结合实训练习。

本书由王志良负责制定大纲并指导全书写作、统稿和组织工作。于泓参与本书第 1、2、5、6、8 章的编写工作及全书文字审校；谌业鹏、王梧蓉、乔柱参与了第 3 章的编写工作；史少波、何小鹏参与了第 4 章的编写工作；苏伟参与了第 5 章的编写工作；韦雯莹参与了第 6 章的编写工作；刘嘉铭、李鑫参与了第 7 章的编写工作；马瑞雄、朱丹阳、张建达参与了第 9 章的编写工作。

作为"全国高校物联网及相关专业教学指导小组"和"物联网工程专业教育研究专家组"成员，同时任多项大学生科技创新竞赛专家评委及指导教师，王志良教授从其组织的教学教研及学生科技创新活动中吸取经验并总结形成大学生工程创新的教育理念，贯穿于本书的编写中，形成本书特色。

本书的出版得到了机械工业出版社的大力支持，在此表示诚挚的感谢。本书已列入北京科技大学校级"十二五"规划教材，书籍的编写与出版得到了北京科技大学教材建设经费的资助，在此表示感谢。同时感谢北京科技大学 2014 年度校教育教学改革与研究面上项目、北京科技大学 2016 年度本科教育教学改革与研究重点项目给予的支持和资助。

在编写过程中，本书引用了互联网上的最新资讯和相关领域的最新报道等，在此一并向原作者和刊发机构致谢。由于时间仓促等原因对引用未能一一注明，对此深表歉意。

由于时间仓促，加上编者水平有限，书中难免会有疏漏之处，恳请各位读者批评指正，在此编者表示衷心的感谢！

编者

2016 年 12 月

目　录

第 1 章
工程创新

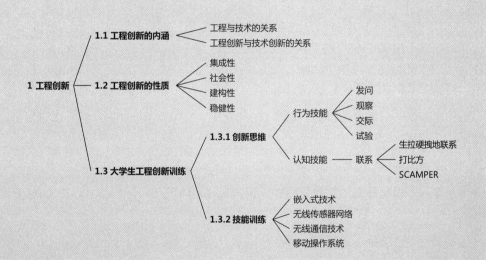

在一项工程从理论、规划、设计、实施到运行、管理的过程中，在每一个环节和每一个因素上都经常发生或大或小、或全局性或局部性的创新。这些发生在工程中的创新活动可以称为工程创新，工程创新是创新活动的主战场。深刻理解工程创新的内涵、性质和社会地位，对开展大学生工程创新活动有很重要的意义。

1.1　工程创新的内涵

创新（innovation）的概念，最早是熊彼特（J. Schumpeter）在1912年出版的《经济发展理论》一书中提出的。熊彼特认为创新就是"建立一种新的生产函数"，在生产体系中引入生产要素的"新组合"。它包括：采用一种新的产品；采用一种新的生产方式；开辟一个新的市场；开拓并利用新的材料或半成品的供给来源；采用新的组织方式。其中新产品和新工艺的引入可以被统称为"技术创新"，并被认为是经济发展的更为根本的因素。不过与"技术创新"相比，"工程创新"还是一个新近提出的理论概念。那么工程创新相对于技术创新究竟有什么独特之处？

从工程与技术的关系来看，技术是以发明创造为核心的人类活动，旨在发明方法、装置、工具、仪器仪表等，讲求巧，追求构思与诀窍；工程是以构建、运行及集成创新为核心的人类活动，是按照社会需求设计造物，构筑与协调运行，讲求价值，追求一定边界条件下的集成优化和综合优化。可见，工程既不是单纯的科学应用，也不是相关技术简单的拼接。工程活动的基本单位是"项目"，工程发挥着"集成"的作用。所以，在工程和技术的关系上，可以概括以下几点：

1）工程负载着明确的目的，本身就蕴含着规划、谋划的意思，是手段和目的的综合体，而技术基本上等同于手段。

2）工程的本源是机巧、谋略和行动，技术的本源是技能和知识。

3）工程可以是静态的物质化存在，技术只能是体现在人体、书本和物质现实中的非物质化知识和技艺。

4）工程是各类技术的集成，没有技术就没有工程，如果说技术引导和限制工程，那么工程则选择和集成技术，没有工程的选择作用和聚焦作用，技术就失去了发挥作用的舞台。

世界上没有两个完全相同的工程，没有创新就没有工程。工程创新中可以包含技术创新，但也可以不包含技术创新，毕竟许多工程从技术层面看，不过是简单的复制。当然，很多情况下，要完成一项工程既需要进行组织创新，又需要进行技术创新，这时的工程创新就是技术创新和组织创新的统一体。

"工程创新"和"技术创新"既有密切联系，又有性质和范围上的区别。技术创新一般被理解为"发明成果的首次商业应用",通常体现为新产品、新工艺、新系统、新装备等形式。由于在"发明成果的首次商业应用"的技术创新实践中,必然会涉及科学、制度、组织、管理、市场等因素,因此,那些围绕技术创新而引起的组织创新、制度创新和市场创新等通常也纳入技术创新的范畴中。

技术创新以技术为主线,聚焦于发明成果的首次商业应用;工程创新则着眼于工程,指"造物"活动中的创新。工程是发明成果商业化的重要环节,技术是工程中必不可少的要素,两者是相互依存的。从过程看,技术创新必然要经过工程化环节才能实现;从要素看,工程创新中包含技术创新。只强调技术创新,并不能保证工程创新的成功。工程创新若不能成功,技术创新也容易走向失败。工程创新与技术创新之间的关系如图 1-1 所示。

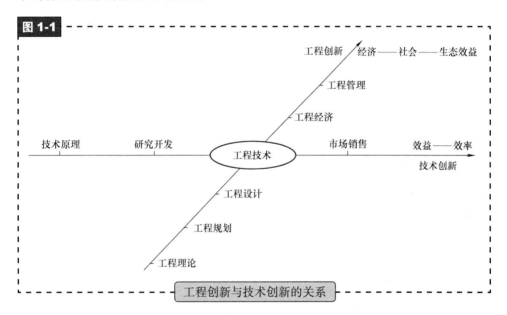

图 1-1

工程创新与技术创新的关系

与技术创新相比,工程创新概念凸显了两个方面的重要内涵。第一,工程的整体性,工程是比单纯技术更为复杂的系统。第二,工程创新是多维度的,其中不但包含技术维度而且包含许多非技术的维度。

工程作为人类的"造物"活动,是创造物质财富、实现经济发展的基本途径。因此,工程必然是各种创新活动得以发生的重要场所。工程创新一词,用来特指那些发生在工程中的创新活动,如技术创新活动、组织管理创新活动、经济创新活动、社会创新活动。在一项工程中,工程创新贯穿其全过程,发生在不同环节和不同因素上,具有多方面的具体内容和多种不同的表现形式:工程理论创新、工程观念创新、工程规划创新、工程设计创新、工程技术创新等。这些工程创新活动使一项工程具有不同于其他工程的具体的或者部分的新特点，对工程建设和经济发展起着不可缺少的作用。

1.2 工程创新的性质

1. 工程创新的集成性

工程既不同于科学，也不同于人文，而是在人文和科学的基础上形成的跨学科的知识与实践体系，具体体现为以科学为基础对各种技术因素、社会因素和环境因素的集成。既然如此，工程创新者所面对的必然是一个跨学科、跨领域、跨组织的问题。工程创新是人与自然关系的重建、人与社会关系的重建。工程创新过程就是技术要素、人力要素、经济要素、管理要素、社会要素等多种要素的选择、综合和集成过程。因此，可以说，集成性是工程创新的基本特点。

工程创新的集成性突出地表现在两个方面上。一是技术水平上的集成。在科学领域中，科学家常常要进行单一学科的科学研究；可是，在工程领域中，任何工程都必须对多项技术进行集成。二是工程的技术要素和工程的经济、社会、管理等其他方面要素的集成，这是一个范围更大和意义更加重要的集成。

2. 工程创新的社会性

工程创新是一个社会过程。工程创新不仅是"技术性"活动，更是"社会性"活动。独立的工程人才是无法发挥作用的，工程人才必须组成集体和团队才能发挥作用。工程活动和工程创新还是价值导向的过程，工程活动不仅必须充分考虑技术可行性和经济效益，还必须充分考虑环境效益和社会效益。不考虑环境效益和社会效益，不充分考虑一项工程的直接和间接触及的各方利益，不仅工程本身不合理，而且可能会遭遇各种阻力而导致工程失败。

3. 工程创新的建构性

如果说，工程创新是一个异质要素的集成过程，那么这些被集成的要素对于创新者来说并不是给定的、随意可用的，只有当这些要素被识别、被认知、被调动、被应用，才能发挥作用。这些应用和转移不是随意和单向的，而是双向的，多向的互相作用过程。要素的转移和应用在工程活动中发挥关键作用。创新者通过相关机制和策略识别出其他创新者的要素，并将其彼此关联起来，形成多要素的复杂网络。工程创新成功与否，关键在于创新者的策略。工程创新过程始终是一个利益冲突和相关行动者彼此斗争的过程。在这样一个异质要素进行集成的过程中，需要匹配各种要素，需要调和各类需求，需要进行复杂的权衡。可以说，权衡是工程的生命。

4. 工程创新的稳健性

任何创新都是一个不确定的过程，工程创新也不例外。但是，与通常的技术创新不同，工程创新总是要求最低限度的不确定性和最大限度的稳健性。力求稳健就成了工程创新的一个必然要求。

工程创新的过程，是一个形成新的生活常规、新的时空领域、新的语言和新的社会系统的过程。这种过程营造了一种新的生活方式，当然需要最大程度保证创新的可靠性。

1.3 大学生工程创新训练

信息科技的高速发展为计算机技术带来巨大挑战，同时计算机人才需求剧增，创新能力及实践能力培养成为教育教学环节中的重要导向。工科计算机专业课程的教育模式仍比较传统，传统的课程设置及以理论授课为主的人才培养方式已经无法更好地适应社会需求。社会需求导向及新计算机技术的快速发展为计算机专业人才培养，尤其是工程创新训练提出新的要求。

如果说科学技术是第一生产力，那么工程则是现实的、直接的生产力。一般来说，科学知识、技术知识都是需要通过工程创新环节才能转化为直接生产力。如果没有工程创新，那么无论是科学知识还是技术知识，都只能作为"潜在生产力"游离在工程活动之外。从潜在的、间接的生产力到现实的、直接的生产力的转化过程是一个复杂的过程，它不可避免地成为一个任务艰巨的飞跃和转化过程。在这个过程中，人们不但必须跨越许多壁垒，而且需要躲避重重陷阱。工程创新的任务就是跨越这个过程中可能遇到的壁垒，躲避隐藏着的种种陷阱。研发是创新活动的前哨战场，工程创新是创新活动的主战场。

在大学里，学以致用的最好体现就是将课堂理论知识与工程实践相结合，学生科技创新及产学研合作是较为普遍的实现方式，后课堂的培养主要包括学生科技创新项目及科技竞赛等。大多数科技竞赛处于学生自发的、非正规的、不系统的训练摸索中。这样的培养方式虽锻炼了学生的自主能力和兴趣培养，但是不够科学的训练方式、不够正规体系的训练模式使得创新综合能力的训练不够高质高效，培养方法不够正规。亟需整理一套适合工科学生的"学科式"科技创新能力培养模式，统一组织学习和技能训练、正规的培养模式、系统的学习方法。将有兴趣的学生及团队集中，方法论加实践实训的培养模式，提高学生工程创新能力。

大学生工程创新训练以系统的方法论为主，科技技能训练为辅，两者并行的同时穿插技术方案讨论与更新。包含创新思维训练、科技技能训练、实训与实践三个模块组成，涉及创新能力培养、创新思维训练、硬件技术训练、软件技术训练、实践实训五个环节，如图 1-2 所示。

优秀的"创新创意"＋可实现的"技术手段"＝完整的"科技创新作品"。

从"如何想"和"如何做"两个角度出发，如图 1-3 所示，用"创新创意"和"技术技能"两条腿实现，通过工业设计完善作品，最终完成完整的工程创新作品。工程创新训练能够综合锻炼大学生的创新思维及软硬件技能，从团队组建、产品需求分析、技术方案拟定、软硬件技术实现、外观产品设计及最终的产品孵化等多重环节，多维度立体地锻炼学生的工程创新能力。

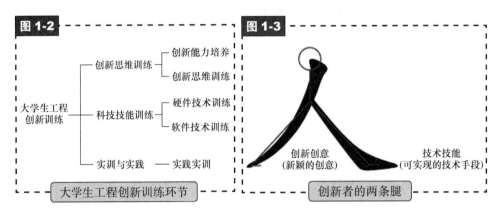

图 1-2 大学生工程创新训练环节

图 1-3 创新者的两条腿

▶▶ 1.3.1　创新思维

"'创'是创始、首创的意思；'新'是第一次出现，改造和更新的意思；'创新'就是创建新的。"创新可以被定义为提出新颖的且有价值的想法和见解，并把它们运用到实践中，从而让大部分人可以接受和使用它们的过程。一个伟大的创新应该是：在它推出以后不久，甚至没有几个人记得以前的生活是什么样子的。

创新想法能够革新产业，创造财富。苹果公司的 Retina 屏幕可以让手机屏幕如此清晰；小米手环可以让穿戴式智能设备离我们这么近；微信运用"免费"策略，赢过了传统通信运营商；京东的 211 限时达，可以让用户体验电子商务带来的便利和快捷。每一个事例中，都有创新的企业家运用富有创造力的想法，为公司打造有力的竞争优势，创造巨额财富。

大多数人认为创新者的基因是与生俱来的，是天赋异禀。有些人右脑发达，因此直觉更强，善于发散思维。这是天赋，有则有，无则无。但是这种说法真的能得到研究支持吗？研究表明，人的创造性行为只有 25%~40% 是由遗传因素决定的。这就意味着，其余 60% 左右的创新技能是习得的。首先是理解创新技能，然后操练该技能，最终相信自己的创造能力。

图 1-4 的模型描绘了创新者的基因，即开启创新想法的密码。形成创新想法的关键技能，是联系性思维的认知技能。发问、观察、交际和试验，这些行为技能是联系的催化剂。

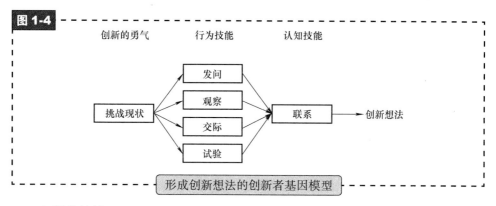

形成创新想法的创新者基因模型

1. 行为技能

创新者是绝佳的发问者，热衷于求索。他们提出的问题总是挑战现状。比如"为什么没有……？""如果我们试着这样，结果怎样？"提问是为了了解事物的现状究竟如何，为什么现状是这样，以及如何能够改进现状，或者破坏现状。如此一来，问题就激发了新的见解、新的联系、新的可能性和新的方向。

创新者是勤奋的观察者，他们仔细观察身边的世界，比如顾客、产品、服务和公司。通过观察，获取对新的行为方式的见解和想法。

创新者交友广泛，人际关系网里的人具有截然不同的背景和观点。创新者运用这一人际关系网，花费大量的时间和精力来寻找和试验想法。他们不仅仅是为了社交的目的，而是积极地通过交际、交谈、交流，寻找新的想法。

创新者总是在尝试新的体验，实行新的想法。实验者总是在通过思考和实验无止境地探索世界，把固化的观念扔到一边，不断地验证假设。

2. 认知技能

创新者仰仗于一项认知技能，联系性思维或简称为联系。联系指的是大脑尝试整合并理解新颖的所见所闻。这个过程能够帮助创新者将看似不相关的问题、难题或者想法联系起来，从而发现新的方向。如下介绍几个培养联系技能的窍门。

（1）生拉硬拽地联系

创新者有时候会"生拉硬拽地联系"，或是将我们不会自然联系起来的事物组合到一起。比如，将拐杖和运动手环结合在一起，手机壳和降落伞结合在一起，闹表和轮子结合起来等。将不相关的随机事务或者想法，通过不断地思考建立联系，

7

从而解决难题。

光闹表、音乐闹表、会跑的闹表、会潜水的闹表，很多创意的新鲜元素注入了简单的闹表，使得生活中最简单的行为被创新，被变得有新意。

来自世界十大创意闹钟之首，它叫 Clocky——会跑的闹钟，如图 1-5 所示。嗓门大（闹钟语言 - 叽里呱啦）；有胆识（能从 3ft$^\ominus$高度跳下，且毫发无伤），更有两只能带着它飞跑的大轮子，天生就不平凡；有原则，它认为忠于职守是作为一个闹钟的自我修养，它对人类亲手掐掉自己设定的闹钟行为深恶痛绝，所以它坚持用独特的闹钟语言叫醒你，当然，它并不死板，它会给你一次赖床的机会，之后就会以不可预测的轨迹滚下床头柜，从你的食指下溜走。你只能从床上爬起来，找到它的藏身之地，才能让它闭嘴。它可爱的坚持让人爱恨交加，这就是 Clocky——落跑闹钟，美国 NANDA 公司出品。

Clocky-落闹表

由韩国设计师 Kim Min Jeong 设计的潜水艇闹钟（Sub Morning），如图 1-6 所示，它是一个迷你版的潜水艇，只需旋转其尾部的"方向舵"，然后按下"指挥塔"即可设置闹铃。闹铃响起时，尾部上方的传感器小灯也会亮起，只有将它丢入水中，传感器小灯熄灭，闹铃才会停止。

$\ominus$　1ft=0.3048m，后同。

图 1-6

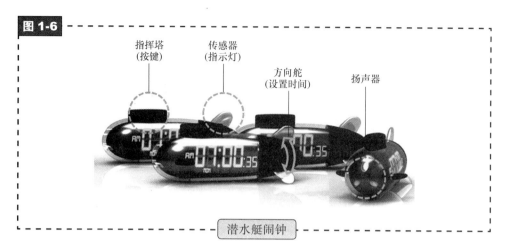

指挥塔
(按键)

传感器
(指示灯)

方向舵
(设置时间)

扬声器

潜水艇闹钟

（2）打比方

为你的产品或者服务找一个类比或者打一个比方，从不同的角度寻找更多的可能性，每一个类比都有潜力激发与众不同的视角。试想"如果……会怎样"，分析可能形成的新特征和新优势。比如，如果水瓶像纸张一样，会怎样？如果键盘可以折叠，会怎样？

由 Memobottle 设计的水瓶，它的大小完全依据纸张来设计，共有 A4、A5 和信纸 3 种型号可选。它可以像书本一样，塞入包中轻松携带，如图 1-7 所示。

图 1-7

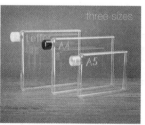

纸张水瓶

Waytools 为智能手机和平板电脑推出了一款名为 TextBlade 的键盘，如图 1-8 所示，它重 42g，折叠后仅为一部 iPhone 6 手机的 1/3。通过蓝牙与其他设备连接，内置多点触控键盘技术，采用精密的磁悬浮机制，能够为用户提供舒适的输入体验。空格键中内置锂聚合物电池，可通过 USB 接口充电，一次充电可供 TextBlade 键盘使用一个月。

图 1-8

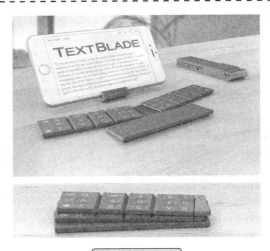

迷你折叠键盘

（3）SCAMPER

创新思维的 SCAMPER 策略，是由美国教育管理者罗伯特 F. 艾伯尔（Robert F. Eberle）于 1971 年提出的一种综合性思维策略。SCAMPER 是几个英文单词的首字母缩写：Substitute（取代）、Combine（结合）、Adapt（借用）、Magnify（放大）或者 Minimize（缩小）再或 Modify（修改）、Put to other uses（一物多用）、Eliminate（删除）、Reverse（倒转）或者 Rearrange（重新安排）。

以智能拐杖为例，看一下如何利用 SCAMPER 思想法联想出一款新产品，见表 1-1。

表 1-1 SCAMPER 思考法

SCAMPER 挑战	发明新款拐杖
S 取代	把手换成手腕穿戴
C 结合	内置导航系统，帮助导航和定位
A 借用	内置传感器获取健康体征参数，与智能手环结合
M 放大、缩小、修改	手柄部分放大，增加传感器、显示屏幕等
P 一物多用	拐杖、导航、救助、健康管理等
E 删除	柔软材料制成，减轻自重增加舒适度
R 倒转、重新安排	配有耳机，可以接听信息

"THE AID"是专为老年人和那些因心理问题无法外出参与社交活动的人设计的。它是一个真正的"帮手"拐杖，如图 1-9 所示：内置导航系统可以帮助使用者不迷路，为他们提供出行的安全感和直接需要的帮助，并且，还能作为拐杖辅助腿脚不便的人。综合导航装置不仅可以指示位置，还作为健康管理设备使用（实时测

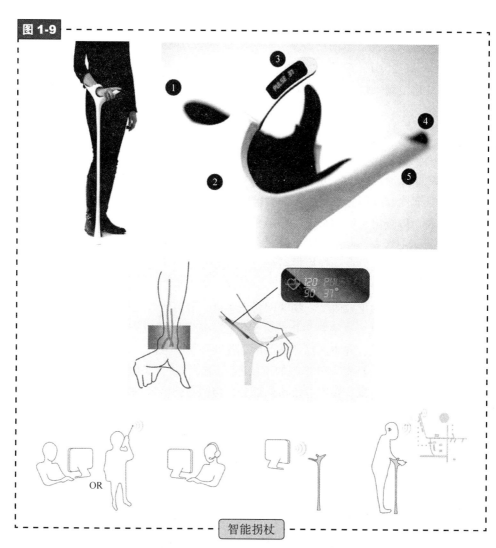

图 1-9

智能拐杖

1—柔软的部件与使用者的胳膊相接触　2—内置传感器会实时显示使用者的脉搏、血压和体温
3—拐杖外部装有 LCD 屏幕显示了使用者的健康资料　4—SOS 按钮
5—取消按钮（一旦意外错按了 SOS 按钮可以取消）

量脉搏、血压等）并配有传感器和 SOS 求救按钮，一旦按下按钮，系统便会联系帮助中心并将使用者最近的健康资料和所在位置直接传送过去。这个设计十分简洁（只有两个按钮），但同时又是十分智能的帮手。

▶▶ 1.3.2　技能训练

"计算模式每隔 15 年发生一次变革"这个被称为"15 年周期定律"的观点，一经美国 IBM 公司前首席执行官郭士纳提出，便被认为同英特尔公司创始人之一的戈登·摩尔提出来的摩尔定律一样准确。纵观历史，1965年前后发生的变革以大型机为标志，1980年前后以个人计算机的普及为标志，而1995年前后则发生了互联网革命，2010年前后，"物联网"被称为世界信息产业中继计算机、互联网之后的第三次浪潮。每一次的技术变革都引起了企业、产业甚至国家间竞争格局的重大变化。

物联网（Internet of Things，缩写 IoT）是互联网、传统电信网等信息承载体，让所有能行使独立功能的普通物体实现互联互通的网络。物联网一般为无线网，而由于每个人周围的设备可以达到1000~5000个，所以物联网可能要包含500~1000M个物体。在物联网上，每个人都可以应用电子标签将真实的物体上网连接，在物联网上都可以查出它们的具体位置。通过物联网可以用中心计算机对机器、设备、人员进行集中管理、控制，也可以对家庭设备、汽车进行遥控，以及搜索位置、防止物品被盗等，类似自动化操控系统，同时通过收集这些小事的数据，最后可以聚集成大数据，包含重新设计道路以减少车祸、都市更新、灾害预测与犯罪防治、流行病控制等社会的重大改变。物联网将现实世界数位化，应用范围十分广泛。物联网拉近分散的信息，统整物与物的数字信息，物联网的应用领域主要包括以下方面：运输和物流领域、健康医疗领域范围、智能环境（家庭、办公、工厂）领域、个人和社会领域等，具有十分广阔的市场和应用前景。物联网这个世界级的技术趋势，将带来巨大的商机。在产业价值的部分，美国高德纳咨询公司预估，物联网带来的经济附加总值将于2020年达1.9兆美元。如图1-10所示，制造业、医疗、保险、银行及证券分别占据较大比例，总值超过50%。

图 1-10

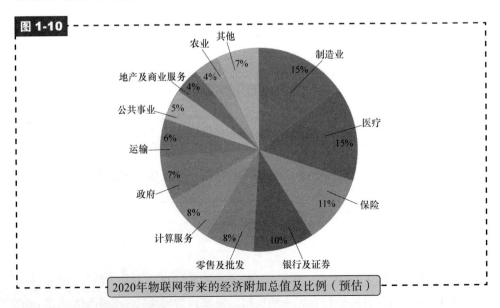

2020年物联网带来的经济附加总值及比例（预估）

物联网技术将在很长一段时间内占领主导地位，掌握物联网的关键技术尤为重要。物联网是在互联网之上更庞大的网络，与人与人之间交互信息的互联网相比，物联网结合了更多的终端设备，包括含有传感器的终端设备、大型工业系统、智能家居等，这些嵌入了智能器件的终端设备通过有线或者无线、短距离或者长距离的通信方式，实现互动通信和应用整合。如图 1-11 所示，组成完整物联网体系需要 3 个部分，即感知层、网络层和应用层。

图 1-11

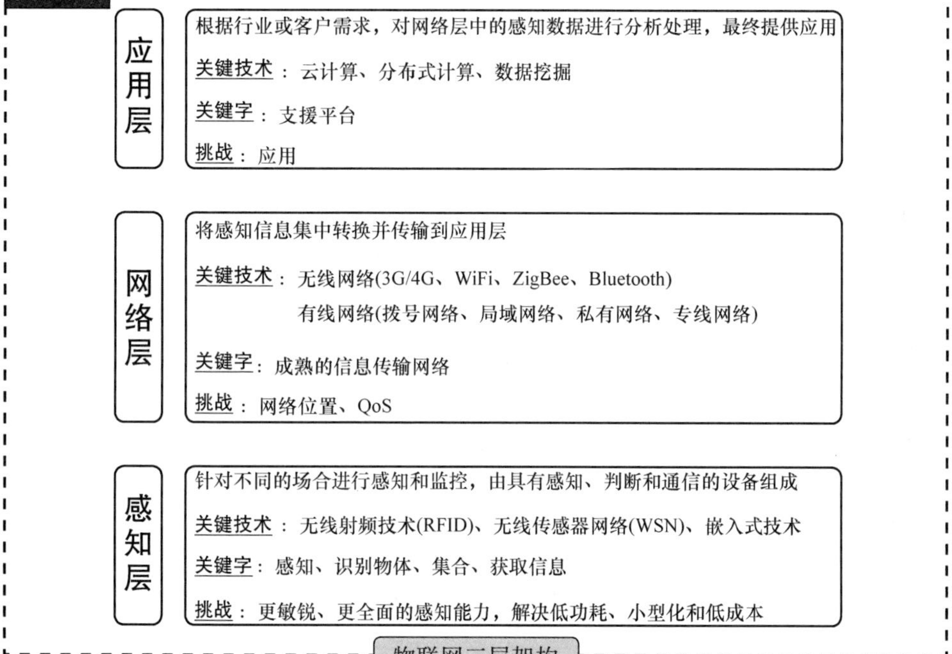

应用层
根据行业或客户需求，对网络层中的感知数据进行分析处理，最终提供应用
关键技术：云计算、分布式计算、数据挖掘
关键字：支援平台
挑战：应用

网络层
将感知信息集中转换并传输到应用层
关键技术：无线网络(3G/4G、WiFi、ZigBee、Bluetooth)
　　　　　　有线网络(拨号网络、局域网络、私有网络、专线网络)
关键字：成熟的信息传输网络
挑战：网络位置、QoS

感知层
针对不同的场合进行感知和监控，由具有感知、判断和通信的设备组成
关键技术：无线射频技术(RFID)、无线传感器网络(WSN)、嵌入式技术
关键字：感知、识别物体、集合、获取信息
挑战：更敏锐、更全面的感知能力，解决低功耗、小型化和低成本

物联网三层架构

1）感知层：主要用于对物的感知，通过二维码标签和识读器、RFID 标签和读写器、摄像头、GPS 等设备识别物体、采集信息。

2）网络层：将感知层获取的信息进行传递和处理，网络层包括通信与互联网的融合网络、网络管理中心和信息处理中心等。

3）应用层：物联网与行业专业技术的深度融合，与行业需求结合，实现行业智能化。如环境监测、智能家居、城市安全、城市管理、智慧交通等应用。

物联网装置有很多种类型，如图 1-12、图 1-13 为常见的物联网运作结构和装置结构。和一般的机械产品一样，它包括感知操作或监测周围变化的输入端、提供信息或者执行操作的输出端以及负责控制装置的微控制单元等，同时所有部件通过网络连接。考虑到物联网的应用广泛、覆盖信息技术广等特点，本教材以实现工程创新物联网产品为示例，对照图 1-14 所示常见物联网产品组成结构，着重介绍实现过程所涉及的关键技术。

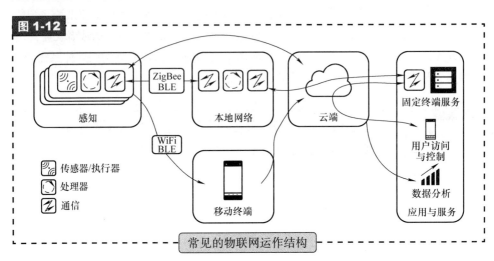

常见的物联网运作结构

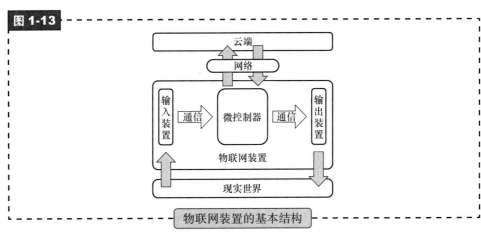

物联网装置的基本结构

常见物联网产品组成结构

（1）嵌入式技术

嵌入式技术（Embedded Intelligence）是一种"嵌入机械或电气系统内部、具有专属功能的计算机系统"，在物联网的发展中起着很重要的作用。嵌入式技术是综合了微型电脑、传感器、电路技术及电子应用等多项信息技术，将软硬件结合的复杂系统。现代嵌入式系统通常是基于微控制器，其中微控制器（Micro Controller，MCU）是把中央处理器、存储器、定时 / 计数器（timer/counter）、各种输入输出接口等都集成在一块集成电路芯片上的微型计算机。在大学生科技创新环节中，常用的开源硬件平台包括 Arduino 和树莓派（见图 1-15）。嵌入式技术的典型应用——智能手机。一般的手机只能单方面地提供手机的功能，但是如果利用嵌入式技术将网络、影像监控及通信技术与智能手机相结合，便可以实现远程监控。

图 1-15

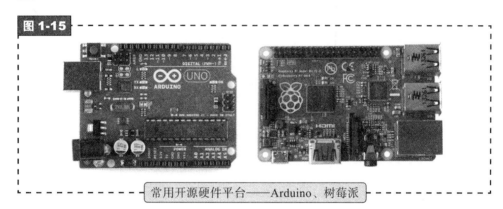

常用开源硬件平台——Arduino、树莓派

（2）无线传感器网络

无线传感器网络（Wireless Sensor Network，WSN）是一种分布式传感网络，它的末梢是可以感知和检查外部世界的传感器。WSN 中的传感器通过无线方式通信，因此网络设置灵活，设备位置可以随时更改，还可以跟互联网进行有线或无线方式的连接。通过无线通信方式形成的一个多跳自组织网络。无线传感器网络用于感知周围环境的变化，如工厂环境监控、气体排放监测、噪声监测等。无线传感器网络具有成本低、易搭建、应用广、效能高等特性。常用传感器如图 1-16 所示。

（3）无线通信技术

无线通信技术（Wireless Communication）是指多个节点间不经由导体或缆线传播进行的远距离传输通信。目前使用较广泛的无线通信技术，包括蓝牙（Bluetooth）、ZigBee、WiFi、短距通信（NFC）、超宽带（Ultra Wide Band，UWB）等。在大学生工程创新实践中，ZigBee 和蓝牙（见图 1-17）是主要的短距离通信手段。

图 1-16

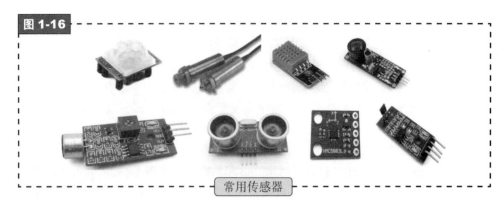

常用传感器

图 1-17

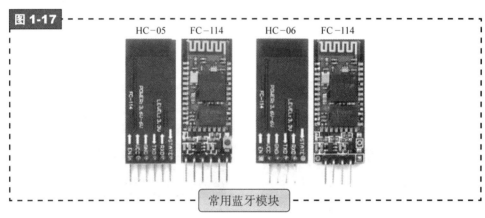

常用蓝牙模块

（4）移动操作系统

移动操作系统（Mobile Operating System，Mobile OS），又称为移动平台（Mobile platform）或手持式操作系统（Handheld operating system），是指在移动设备上运作的操作系统。移动操作系统近似在台式机上运行的操作系统，但是它们通常较为简单，而且提供了无线通信的功能。使用移动操作系统的设备有智能手机、平板电脑等，另外也包括嵌入式系统、移动通信设备、无线设备等。主要的移动操作系统包括 Android（谷歌，开放源代码）和 iOS（苹果公司，封闭源代码），如图 1-18 所示。

图 1-18

Android和iOS LOGO

思考题

1. 工程创新与技术创新的关系是怎样的？

2. 大学生工程创新包括哪些环节？

3. 借用 SCAMPER 方法，"发明"一个新产品。

4. 结合身边物联网应用的例子，简述例子中应用了哪些物联网技术。

第 2 章
选题与立项

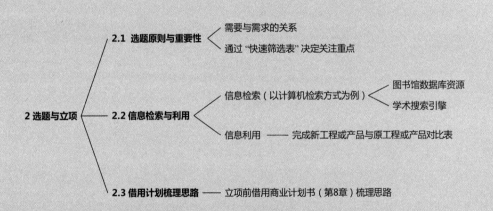

2.1　选题原则与重要性

创新项目选题需要建立在大量资料、信息分析研究的基础上来确定研究方向与项目目标。选题确定了项目研究的范围和基本内容。

成功的选题决定项目质量与价值，也规划着项目的方向、角度与范围。良好的选题是项目成功的关键，对参与人的创新素质的综合考量。工程问题从哪里来，如何选，与创新者的基础理论、专业知识、交叉学科知识和新知识有关；与实践经验和能力，创新意识和勇气，观察能力、思维能力和想象能力有关；也与项目的来源、获得项目的途径以及机遇等诸多因素有关。

项目选题一般需要经历从信息到问题、从问题到科学问题、从科学问题到项目立项。其中信息主要来自生活生产实践、国内外科技动态和文献著作。创新者要有敏锐的观察力才能获取到有效信息，通过信息搜索和综合分析发现问题；问题主要来自实践中的发现和文献资料的深入搜索与积累；科学问题是关于项目"值不值得研究""是否有创新性"和"有没有条件"研究的综合分析，应从主客观条件进行充分的有效性分析；最后需要进行正确的逻辑分析、推理和判断，进而确定项目是否有综合价值。

选题需要有价值，项目选题的价值包括学术价值或社会应用价值，预期能产生的社会影响。对于一个没有价值的选题，在项目论证环节就会出现问题，研究过程中也降低了创新性的可能性。选题需要有创新，项目既不能重复别人，也不能重复自己。填补空白式的选题自然是最好的，其次是站在新角度、新范围，运用新理论、新方法、新材料，可能获得新内涵。选题应有针对性、战略性和前瞻性。要重视新兴技术研究和学科交叉综合研究。选题需要适宜，要选择与兴趣、专业、专长和研究方向结合紧密的题目；选择适合研究开发条件、所在区域、行业性质的题目。因为这些决定了项目前期研究基础、研究条件和能否实现目标。由问题到项目，既要认识外边的世界，又要认识自己，需要回答"我是谁？""我想做什么""我能做什么"的问题。

创新最好以解决需求为根源。在开展创新活动前，需要认真地思考一些内容：

- 我的创新成果内容解决什么问题？这些问题真的需要迫切解决吗？

- 谁愿意为我的创新成果付费？愿意付多少费用？

- 是否有竞争对手？我的创新成果从性价比方面比竞争对手强多少？

实际这些问题的来源就是客户需求。客户需求往往是多方面的、不确定的，需要去分析和引导。客户的需求是指通过买卖双方的长期沟通，对客户购买产品的欲望、用途、功能、款式进行逐步发掘，将客户心里模糊的认识以精确的方式描述并展示出来的过程。

研究客户需求，首先需要圈定明确的客户群体，其次需要理解客户的多重身份，并了解深层的心理需求，最后像用户一样的去看、去用、去想。同时，通过阅读各种书籍，利用网络查询等方式，都能获取用户需求。

需求指购买商品或劳务的愿望和能力。经济学中需求是在一定的时期，在每个价格水平下，消费者愿意并且能够购买的商品数量。需求可以分为单个需求和市场需求。单个需求指单个消费者对某种商品的需求；市场需求指消费者全体对某种商品需求的总和。

需求是指人们在欲望驱动下的一种有条件的、可行的，又是最优的选择，这种选择使欲望达到有限的最大满足，即人们总是选择能负担的最佳物品。表现在消费者理论中就是在预算约束下达到最高无差异曲线。

需要是有机体感到某种"缺乏"而力求获得满足的心理倾向，是内外环境的客观要求在头脑中的反应。它源于自然性要求和社会性要求，表现为物质需要和精神需要。需要常以一种"缺乏感"体现，以意向、愿望的形式变现出来，最终发展为推动人进行活动的动机。需要总是指向某种东西、条件或活动的结果等，具有周期性，并随着满足需要的具体内容和方式的改变而不断变化和发展。

需求不等于需要。形成需求有三个要素：对物品的偏好，物品的价格和手中的收入。需要只相当于对物品的偏好，并没有考虑支付能力等因素。一个没有支付能力的购买意愿并不构成需求。需求比需要的层次更高，涉及的因素不仅仅是内在的。

当根据需求初步确认选题的时候，需要快速地筛选并决定那些是关注的重点。"快速筛选"能帮助你快速的淘汰不好的主意。尤其当创新者有计划将产品商业化，甚至有创业打算的时候，"快速筛选"能够在短时间内帮助创新者对一个选题有初步的认识和评估。创新者可以根据项目需求，有选择的参照快速筛选表。此处以创业计划为例，见表 2-1~ 表 2-4，介绍选题初期需要关注的问题。

表 2-1　市场及利润边际相关问题

标　准	高 潜 力	低 潜 力
需求 / 欲望 / 问题	明确	分散
客户	能触及且接受性强	无法触及 / 忠诚
回报客户	<1 年	>3 年
增加或创造价值	IRR>40%	IRR<20%
市场规模	适中	过大或过小
市场增长率	>20%	<20%
总利润边际	>40%；持续	<20%；脆弱

表 2-2 竞争优势

标　准	高 / 低潜力
价格和成本	
可控成本	
渠道	
自有优势	
先发优势（产品、技术、人员、资源）	强 >>>> 弱
服务链	
契约优势	
交际与人脉	

表 2-3 价值创造和实现

标　准	高潜力	低潜力
利润	10% 以上；持续	5% 以下；脆弱
收回成本时间	2 年内	3 年以上
实现正现金流时间	2 年内	3 年以上
价值	高	低
退出机制	收购	不明确

表 2-4 总潜力

标　准	可行 / 不可行 / 可行只要
市场及利润边际	
竞争优势	
价值创造和实现	
相合：商机 + 资源 + 团队	
风险回报比率	
时机	
其他	

2.2 信息检索与利用

　　选题立项起始于对信息的观察和搜集。信息是一种重要资源，在当今社会中信息资源的重要意义毋庸置疑，大量的管理决策活动都离不开信息的支持，科学研究活动也不例外。项目选题的基本方法是感温具体，即感知具体和温知认识。感知具体是从观察现象入手，从社会实践中选题，直接感受实物的表面具体、直观、敏锐的反应。温知认识则是通过大量文献资料的阅读与思考活动进行认识。

　　信息检索是指从信息资源的集合中查找所需文献或查找所需文献中包含信息

内容的过程。狭义的检索是指依据一定的方法，从已经组织好的大量有关文献集合中，查找并获取特定的相关文献的过程。这里的文献集合，不是通常所指的文献本身，而是关于文献的信息或文献的线索。广义的检索包括信息的存储和检索两个过程。信息存储是将大量无序的信息集中起来，根据信息源的外表特征和内容特征，经过整理、分类、浓缩、标引等处理，使其系统化、有序化，并按一定的技术要求建成一个具有检索功能的数据库或检索系统，供人们检索和利用。而检索是指运用编制好的检索工具或检索系统，查找出满足用户要求的特定信息。

按存储与检索对象划分，信息检索可以分为数据检索、事实检索和文献检索。其中数据检索和事实检索是要检索出包含在文献中的信息本身，而文献检索则检索出包含所需要信息的文献即可。检索方式可分为手工检索和计算机检索两种。手工检索是通过人工自己动手去查找，去对比检索标识和书本式检索工具（各种书本式目录、索引、文摘等）中的存储标识的相符性，即通过"人书对话"来完成检索过程。计算机检索是通过计算机来模拟人的手工检索过程，由计算机来处理检索者的检索提问，将检索者输入检索系统的检索提问（即检索标识）按检索者预先制定的检索策略与系统文档（机读数据库）中的存储标识进行类比、匹配运算，通过"人机对话"而检索出所需要的文献。

信息检索的前提是信息意识。所谓信息意识，是人们利用信息系统获取所需信息的内在动因，具体表现为对信息的敏感性、选择能力和消化吸收能力，从而判断该信息是否能为自己或某一团体所利用，是否能解决现实生活实践中某一特定问题等一系列的思维过程。信息意识含有信息认知、信息情感和信息行为倾向三个层面。

信息检索的核心是信息获取能力。了解各种信息来源，掌握检索语言，熟练使用检索工具，并能对检索效果进行判断和评价。

信息检索的一般流程为分析问题以明确查找目的，确定检索范围；选择检索工具；确定检索途径和方法；查阅原始文献。现以计算机检索方式为例，简述校园内使用检索工具获取原文的方法。

（1）数据库资源

在信息检索前，首先需要熟悉校园图书馆订阅的数据库情况。大学图书馆都会根据学科需要订阅大量数据库文献、期刊资源，以供师生查找和学习。以北京科技大学图书馆（lib.ustb.edu.cn）为例，如图2-1所示可以找到"数据库资源"链接；而后如表2-5所示，根据学科需要进入对应数据库链接即可开始文献检索。以中国知网（CNKI）为例，该数据库提供了对标题、作者、关键词、摘要、全文等数据项的搜索功能，在搜索栏（见图2-2）直接键入"关键字"即可搜索查找期刊杂志、报纸、博士硕士论文、会议论文、图书、专利等。

图 2-1

北京科技大学图书馆首页

表 2-5　部分计算机学科相关数据库资源

名称	数据库介绍	文献类型学科	年代
ACM	美国计算机学会（ACM）全文数据库	计算机学科	1950 至今
IEL	IEEE/IET Electronic Library	期刊会议计算机科学图书	1988 至今
	IEEE-Wiley 电子图书	计算机电力电路等	1974~2015
CNKI	中国期刊全文库	期刊综合	1994 至今
	中国博士学位论文全文数据库	学位论文综合	1999 至今
	中国硕士学位论文全文数据库	学位论文综合	1999 至今
	中国重要会议论文全文数据库	会议论文综合	1999 至今
	中国标准全文数据库	标准 综合	
	中国经济社会发展统计数据库	统计年鉴经济社会	
	中国引文数据库	引文综合	
	国际会议论文全文数据库	国际会议综合	1981 至今
万方数据资源	数字化期刊库	期刊综合	1998 至今
	中国学位论文全文库	学位论文综合	1998 至今
	中国学术会议论文全文库	会议论文综合	1998 至今

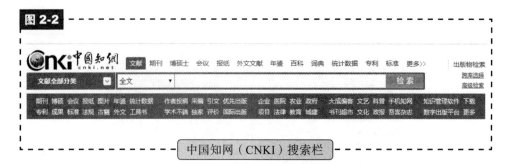

中国知网（CNKI）搜索栏

（2）学术搜索引擎

学术搜索引擎是一项免费服务，可以帮助快速寻找学术资料，如专家评审文献、论文、书籍、预印本、摘要以及技术报告。Google 学术搜索（https://scholar.google.com.hk）是一个可以免费搜索学术文章的网络搜索引擎，由计算机专家 Anurag Acharya 开发。2004 年 11 月，Google 第一次发布了 Google 学术搜索的试用版。该项索引包括了世界上绝大部分出版的学术期刊。

Google 学术搜索（见图 2-3）提供许多搜索辅助工具以帮助更方便找到文档并正规引用。以搜索"双足机器人"为例，可以通过"引用"（见图 2-4）工具直接复制粘贴引用方法。也可以通过定义文献文件类型进行检索，如"双足机器人 filetype:pdf"即可检索到关键字为"双足机器人"且文件类型为 PDF 的相关文献。

Google学术搜索首页

信息检索的关键是信息利用。获取信息的最终目的是通过对所得信息的整理、分析、归纳和总结，根据自己学习、研究过程中的思考和思路，将各种信息进行重组，从而达到信息激活和增值的目的。对搜集到的信息需要进行观察统计后才更有价值。整理与项目相关、作用大的必要资料；整理反映本质、具有代表性和说服性的典型资料；整理确实可靠、有理有据的真实资料；整理新事实、新观点、新经验、新方法的新颖资料。围绕观点，根据资料属性充分具体整理并选择资料。比对与分析，立项并找到新工程或产品与原有工程或产品的优劣对比。表 2-6、表 2-7 分别为创新项目 Glasses 神器、IFPV（Intelligent First Person View）立项时与同类产品功能对比表。

图 2-4

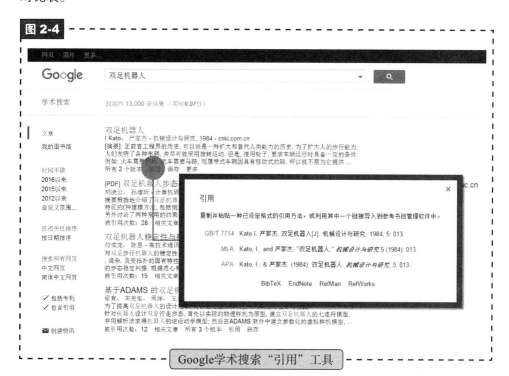

Google学术搜索"引用"工具

表 2-6　Glasses 神器与同类产品功能对比表

产品	功 能	成本较低	性能					
			精度较高	可穿戴	应用广	手机提醒	坐姿监控	光强及温湿度监控
智能阅读书架	固定书的阅读角度，近距离阅读报警，超时间阅读报警，监控环境光线	×	×	×	×	×	×	×
正姿护眼笔	监督使用者姿势，在姿势不正确时报警提醒	×	√	×	×	×	×	×
红外防近视仪	眼睛与书本或电脑屏幕的距离小于一定范围发出警告	×	√	×	×	×	×	×
坐视宝	耳挂式提醒仪，当低头超过标准时，会发出轻柔的乐曲声报警提醒注意	√	×	√	√	×	×	×
Glasses 神器	监督体姿体态；手机 APP 提醒；检测光强和温湿度；记录用户长期坐姿信息	√	√	√	√	√	√	√

表 2-7 IFPV 与同类产品功能对比表

产品名称	iRover	PowerUp FPV	iFPV（本项目）
主要功能	·四轮独立式驱动 ·前后吸能防撞设计 ·高亮度可调前后大灯 ·双自由度随意移动式头部 ·远程可切换前后摄像头 ·多种实时画面效果 ·双选操控方式 ·预设六组动态表情	·三种控制模式时刻满足360°视角全新视觉体验 ·自动驾驶辅助 ·快速找回飞机 ·有风天气照飞不误 ·录像、拍照、录音 ·可以实现以第一视角观察，实现虚拟现实的效果	·通过 WiFi 无线控制，多终端兼容 ·视频传输，可将拍摄图像实时传输到控制终端并显示 ·通过手机和眼镜结合，实现三维立体效果体验，可以实现第一视角观察，达到虚拟现实的效果
第一视角观察	不能	能	能
价格	700 元	200 美元	300 元
难度	简单	难	较难
操作难度	简单	较难	简单
视频清晰程度	普清	高清	高清
能量来源	普通充电电池 / 一般	可充电锂聚合物电池 / 强	可充电锂电池 / 强
通信方式	WiFi	WiFi	WiFi
自由度	二自由度	二自由度	二自由度
稳定性	电脑控制，稳定性一般	空中飞行，不确定因素较多，稳定性一般	实心轮胎 +EMC 电磁过滤电机，强抗干扰

2.3 借用计划梳理思路

确定选题、查找资料并分析对比后，可以借用计划书梳理思路，并完成必要的可行性分析后才可以开始制作以保证项目更好的满足最初需求。商业计划书（Business Plan），是公司、企业或项目单位为了达到招商融资和其他发展目标，在经过前期对项目科学调研、分析、搜集与整理有关资料的基础上，根据一定的格式和内容的具体要求而编辑整理的一个向投资者全面展示公司和项目目前状况、未来发展潜力的书面材料。商业计划书是以书面的形式详尽地介绍了产品服务、生产工艺、市场和客户、营销策略、人力资源、组织架构、对基础设施和供给的需求、融资需求，以及资源和资金的利用。商业计划书的重要性不仅仅体现在它是决定能否与风险投资商面谈的通行证，而且是创新者或开发者对自我再认识的过程。大学生在进行科技创新前，可以借用商业计划书梳理思路，部分大学生竞赛，如国际大学生 iCAN 创新创业大赛，要求提交作品的同时提交技术报告及商业计划书。

商业计划书可以帮助创意者清楚地看到产品或者项目的价值，一个完整的商业计划书能够辅助开发者看清自己开发的成果如何一步步形成产品，并有所收益。更关键的是，商业计划书可以辅助开发者认清开发过程中可能出现的风险。如果没有完整的计划，没有梳理清楚思路，很可能在产品推广时会遇到很多问题，而这些问题恰恰在开发 / 研发环节有所疏忽。

在开始动手之前，很希望团队或者开发者根据项目情况思考如下问题：

- 我们自身定位是什么？

- 我们如何组建强有力的执行团队（技术、管理、财务、营销、行政等）？

- 我们如果落实这个项目缺多少资金？

- 我们应该如何使用资金？

- 项目本身的知识产权问题是否清晰？

- 项目是否涉及法律、行政许可（产品准入）问题？

- 科研成果（产品）本身是否有竞争力？

- 市场上是否有同类产品，我们产品的竞争力（性价比）如何？

- 项目产品的原材料如何做到保质、保量的供应？

- 用什么样的生产制造方式才能保证产品质量问题？

- 我们如何解决市场营销、销售回款问题？

对于以上的问题，如果没有一个很清晰的认识、没有一个完整的解决方案，那么开发的产品或成果很难销售出去。一个酝酿中的项目，往往很模糊。通过商业计划书，把正反理由都写下来，然后逐条推敲。这样，创新者或开发者就能对做项目有更清楚的认识。也可以说，商业计划书首先是把计划推销给自己。

在梳理思路的过程中，团队或者开发者需要开展大量的市场调研、收集信息资源、了解需求并充分分析、落实材料、技术能力等细节。梳理后可以更加清楚项目成果是否满足需求、是否有市场、可实现的技术手段、是否有机会转换成产品、是否需要足够的资金支持等。最重要的是，成果是否有价值。及早发现问题，进行事先控制，去掉不可行的项目，进一步完善可行的项目，加大成功率。

在本书的第 8 章，将详细介绍商业计划书。

思考题

1. 常用的期刊数据库有哪些？简述检索方法。

2. 使用不同的搜索引擎查找同一主题信息，试比较查找结果的异同。

3. 选择专业相关关键词，利用各数据库查找相关论文和图书资料，要求中文期刊论文 10 篇以上，中文图书 5 本以上，外文资料 1 篇以上。使用 GB/T 7714—2015 的格式完成引用，记录文献信息。

4. 选择一款产品，搜索资料完成"同类产品功能对比表"。

5. 项目开始前，团队或开发者应该思考哪些问题？

第 3 章
产品设计

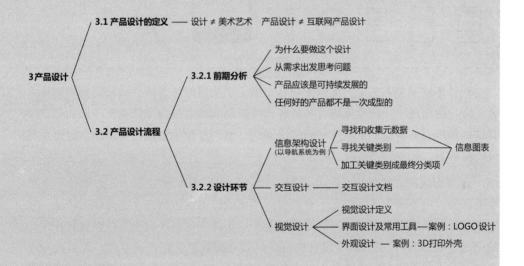

3.1 产品设计的定义 —— 设计 ≠ 美术艺术　产品设计 ≠ 互联网产品设计

3 产品设计

3.2 产品设计流程

3.2.1 前期分析
　　为什么要做这个设计
　　从需求出发思考问题
　　产品应该是可持续发展的
　　任何好的产品都不是一次成型的

3.2.2 设计环节

信息架构设计
（以导航系统为例）
　　寻找和收集元数据
　　寻找关键类别 —— 信息图表
　　加工关键类别成最终分类项

交互设计 —— 交互设计文档

视觉设计
　　视觉设计定义
　　界面设计及常用工具——案例：LOGO 设计
　　外观设计 —— 案例：3D 打印外壳

3.1 产品设计的定义

一个创新创业作品的目标是发展为"产品",并有所贡献或有所"收益"。那什么是产品,产品如何定义,一个产品的开发流程是什么样的?参考产品设计,完成创新作品的设计,并最终提高创新作品的成功率。

如图 3-1 所示,身边可以接触到的产品包括生活用品、互联网、手机 APP 等。产品的本质是一种解决方案的实现:人需要达到某种目的,对应的某个解决方案会通过产品帮助人达到这个目的。而设计正是分析目的,并在一定的限制条件下得出解决方案的过程。

图 3-1

身边的产品

设计不同于美术艺术,可以天马行空的完全按照创作者的心情和灵感来创作内容。设计的出现一开始就伴随着各种各样的限制和约束,设计者需要考虑如何在绕开这些绊脚石的前提下依然优雅的解决问题,整个过程是困难而有趣的。这也正是设计被称为"戴着脚镣跳舞"的原因。

通常所说的"产品设计"与这里"设计"的概念十分接近,只是另外一个维度的区分,主要因为某些情况下有的设计产出或许不能被所有人接受称为产品,如魔术设计、某组织未来半年的规划设计等(但是其实这些产出还是可以被算作广义的产品)。然而,大部分人对设计以及产品设计的认知是存在偏差的,尤其是在互联网产品充盈着我们生活的今天:人们对"设计"一词的认知多数停留在互联网设计师这个岗位及其工作上,对其工作内容认知也是仅仅停留在视觉美化层面上,认为"设计师"就是"画画的",或者是"美工"。而"产品设计"一词,大家也会因为对"设计"认知的固化思维更加容易想到"互联网产品设计",将二者混为一谈。总之,在开始产品设计之前,需要明确以下两点:

- 设计≠美术艺术

- 产品设计≠互联网产品设计

著名德国工业设计师 Dieter Ram 提出的关于"好设计"的十大原则，可以帮助大家更好地理解设计：

- 好设计必须是有创意的。

- 好设计使产品更加有用。

- 好设计是有审美价值的。

- 好设计能帮助我们了解一个产品。

- 好设计是低调的，不唐突的。

- 好设计是诚实的。

- 好设计是持久的。

- 好设计是伴随着最后的细节而产生的。

- 好设计关心环境因素。

- 好设计尽最大可能地着眼于"细微的设计"。

3.2 产品设计流程

产品设计一般包括前期分析、设计环节及总结反馈（见图 3-2）。为方便介绍，现以互联网产品的设计为例，即介绍以互联网产品为最终输出的设计工作流程。

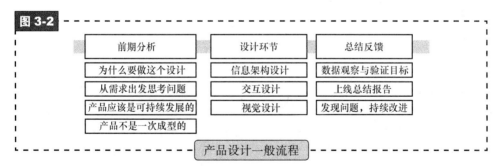

图 3-2

▶▶ 3.2.1 前期分析

（1）为什么要做这个设计

随着技术的普及，做一个应用或者网站变得越来越容易和普遍，但同时也开始越来越多的出现"盲目设计"和"盲目开发"，人们张口就是"我要做一个 APP""我要做一个网站"，却经常忘记了这些只是真正要做产品的一个表现形式。如果一开始没有在要做什么事情上想清楚，只是为了做 APP 而做 APP，这样即使最终顺利地设计、开发、上线了，也很难有一个长远的发展。所以在开始动手设计之前，需要先一遍一遍地问自己"我为什么要做这件事情，它解决什么问题？"并需要回答如下问题：

- 产品究竟为谁服务？

- 产品解决了什么问题？

- 产品如何持续发展？

这3个问题全部都可以很好地回答，才算是基本想清楚。

（2）从需求出发思考问题

在互联网快速发展的今天，从马云、周鸿祎的讲座，到大学软件工程课堂上，所有人都在讲"需求"。而这个词正是回答前两个问题"产品究竟为谁服务？""产品解决了什么问题？"的关键点。从需求出发，还原目标用户原有的使用流程，找出其中问题真正的关键，然后思考解决或者优化的办法。但是这一点其实是很多开发者、创业者没有做好的，大家往往都认为自己明白了用户的需求，但是其实很多时候这个需求是自己凭借着自己的生活经验想到的，并没有深入地了解和感受过目标用户的真正使用场景，于是臆想出来一个不存在或者低频次的需求。

如2014年下半年开始O2O创业非常火热，尤其是各种上门到家服务层出不穷。其中如上门做饭服务就是这样一个没想清楚需求的例子："人们可以方便地在手机上预约厨师拿着买好的新鲜食材上门做饭，再也不用自己亲手做饭或者冒着不干净的风险定外卖了。"说起来貌似是解决了一些问题，但是人们真的有这样的需求吗？首先，让一个陌生人来家里那么长时间就不是一个大多数人能接受的事情，等餐和用餐期间是没有安全感的；其次，这样的服务如果支持一两道菜划不来，一桌子菜平时根本没有几次，所以频次也会非常低；最重要的，厨师付出了途中、买菜、做菜、等吃完这些步骤中大量的时间和金钱成本，如果要让整个流程运转，就势必在亏损和高价中选择其一。没有想清需求的结果是可以预见的，在2015年创业投资恢复理性之后惨淡的数据＋没有融资，让一家家O2O上门服务关门大吉。

（3）产品应该是可持续发展的

第三个问题"产品如何持续发展？"则是更难回答的。尤其对于创业公司来说，创业做产品不是做慈善，设计、开发、机器、贷款、场地等都是需要巨大成本的。在解决了用户的问题之后，需要有一定的模式或者机制支持产品以及团队持续的成长和发展。一般来说，一款成熟的互联网产品需要有能力获得以下三者的其中一个或者几个：

收入：一个产品如果可以实现自己持续盈利，那它的未来基本不用担心。

流量：如果一个产品暂时没有好的盈利方式，那吸引巨大流量的能力也可以让所有人相信它未来有很大的盈利潜力。

口碑：对于一些大公司而言，营收压力已经被其他业务很好地承担起来时，会有一些以口碑为目的的产品存在，当然这样的产品也会出自一些完全不求利益的个人或组织。

想清楚了以上的这些问题，在之后产品的设计、开发过程中，面对很多选择的时候，也能比较清晰快速地做出决策，避免团队贻误战机和内耗。

而大学生科技创新作品可能还会有一些其他的目的，比如参加比赛或者提高自身的技术水平等。严格一点来说，很多这样的产出只能称为作品或者 Demo，不能真正算作产品。所以建议在开始动手前，将目标设定在发布到各大应用市场，让更多用户有机会使用你的产品，这样的目标才会有更多提升的机会。

（4）任何好的产品都不是一次成型的

任何成熟的产品都是经过一次次或大或小的产品迭代成长起来的。因为市场、技术环境，以及用户心理都变化得非常快，所以等产品成熟后才推出的思路已经不再适用，可能开发刚到一半机会就已经错失了。因此在设计、开发一个新产品的时候，最好的办法是用最快的速度发布一个最小化可行产品（Minimum Viable Product，MVP）出来。

通常情况下，这个 MVP 版本的功能是非常精简的，它只包含整个产品最核心的功能，80% 的用户会因为这个功能的好用而容忍初期其他地方的不足。那如何确定 MVP 要做哪些功能呢？尝试着用一句话去向别人解释你的产品，这一句话所描述的就是你最核心的功能，换句话说这个产品正是因为有了这个功能才是这个产品。

以每天在用的微信为例，微信在 2011 年 1 月 21 日的第一个版本就是一个最简单的聊天系统（文字、图片、联系人信息），它的一句话介绍就是"带给您全新的消息体验"。此后 6 年时间里，以这个 MVP 的功能为核心，微信提供摇一摇、扫一扫、附近的人、朋友圈、游戏、抢红包等功能，现已经成为我们生活中不可缺少的一部分。

如何证明 MVP 是有意义继续投入资源的呢？方法有很多，但最有效且通用的方法是设定和观测关键数据指标。这里列举一些常用的数据指标：

- 活跃用户数（一段时间内使用过产品的用户数，又细分为日活、周活、月活等）。

- 新增用户数（产品首次被成功下载并打开的用户数）。

- 留存用户数（统计日期当天的新增用户在一段时间后剩余用户数，又细分为日留存、周留存、月留存等）。

- 日均访问频次（用户一天打开产品的次数）。

- 日均使用时长（用户一天累计在产品中停留的总时间）。

针对不同的产品可能还有其他的指标，如电商类产品还要注重 GMV（拍下订单，泛指成交额）、客单价、复购率等。

使用数据统计工具来帮助了解和掌控这些指标，随时做出反应和决策。常用的工具包括：

- Google Analytics。

- Baidu 统计。

- 友盟。

- 小米统计。

▶▶ 3.2.2　设计环节

在明确为什么设计，设计要解决什么问题之后，就可以开始真正的产品设计了。一般来说，一款互联网产品的设计分为 3 个阶段：

信息架构设计：对需要有哪些内容（信息和功能）进行设计，也包括对内容更有效的分类、编排和引导。

交互设计：更加偏重于用户行为的引导，好的交互设计可以让用户减少误解和误操作，有效地达成期望用户完成的目标。

视觉设计：视觉设计给予整个产品一个感官上的提升，它是整个设计的点睛之笔，有了一个好的视觉风格，用户在使用产品时不但能够有一个更愉悦的心情，同时也会加深对于产品和品牌的认知。

如果用制造一辆汽车来类比，信息架构设计就是定义这辆车要有方向盘、轮胎、发动机、前照灯、刮水器这些组件；交互设计就是确定这辆车怎么更好地使用，方向盘应该在左侧还是在右侧，车门应该怎么开，刮水器要怎么打开等；最后是视觉设计，它确定这辆车外观是什么形状，前照灯是蓝色还是黄色的灯光，汽车表面喷漆是什么款式等。

通常情况下，在互联网企业中信息架构设计和交互设计由产品经理（Product Manager）或者产品设计师（Product Designer）来完成（这两者很多时候其实是一个职位，只不过在不同的团队中叫法不同）。对于一些大公司（如百度、阿里巴巴、腾讯），分工则比较细化，会有专门的交互设计师岗位负责交互设计的环节。

而用户体验设计是以用户为中心的一种设计手段，以用户需求为目标而进行设计。这个概念和上述的产品设计 3 个步骤并不冲突，其设计过程以用户体验为核心，从始至终贯穿于 3 部分设计中。统一也可以成为一种用户体验设计。

（1）信息架构设计

信息架构（Information Architecture，IA）设计包括对信息调查、分析、设计和执行过程，它的最终目的是帮助用户成功地发现和管理信息。复杂的信息架构设计是一门值得深入研究和探索的学科，在普通的产品设计过程中，基本的信息架构知识已经够用，如果需要设计更复杂的系统，则需要更深入的学习。

首先需要知道用户是如何寻找信息的。当用户在寻找某种信息或者功能的时候（无论是汽车、金融服务、服装、新闻资讯还是娱乐视频等），他们可能知道他们要找的内容叫什么名字，也可能不知道。假设用户对于所有需要的信息都能明确地知道怎么称呼，那呈现信息最好的方式无疑是给用户提供 A~Z 的索引或者搜索，让用户快速高效地寻找到目标。但现实应用中用户不可能知道所有需要的信息叫什么名字，并且在绝大多数的情况下，基本不知道几个正确的信息或者功能的名字。这个时候就需要设计合理的导航系统，对信息进行合理的聚集和分类。

导航在一个产品中扮演着至关重要的角色，它就像一本书的目录一样，把大量的信息有效的组织和精简收纳起来，当用户来到产品中时，既不会被海量的信息和功能所淹没，又可以快速高效地寻找到需要的内容。以一个产品的导航部分为例进行信息架构部分的说明。首先介绍设计导航系统的一种方法：

- **寻找和收集元数据**

元数据，即关于信息的信息。如果把豆瓣的一部电影认为是用户需要寻找的信息，那对应的电影的导演、分类、评分等信息就可以被认为是元信息。

元数据是非常繁杂的，如果一个产品直接按照所有元数据来进行导航，会导致最终用户面临一个复杂的选择，反而将导航过程变得复杂，产生困惑甚至恼怒而完全放弃这个产品。

- **寻找关键类别**

关键类别指的是对于用户的主操作流程非常重要的内容分类。每个产品都会有一个或者几个关键类别。关键类别不宜过多，因为最终呈现在界面上的内容是有限的。关键类别一般从收集的元数据中提取，如对于商品来说，销量就是很重要的一条元数据，那根据销量分类就可以作为一个关键类别。这些关键类别可以作为最终导航分类非常重要的灵感来源。

- **加工关键类别成为最终分类项**

在获得了产品数据的关键类别之后，根据实际情况（如运营思路等）设计合适的导航分类，如一个应用商店，基础的数据单位是应用，从所有元数据中找到下载量、更新时间以及应用分类是比较重要的关键类别。最终可以有装机必备（最热榜），最近上新，按照分类筛选，这 3 个主要的首页导航分类项。

简单的信息架构设计一般以信息图表的形式呈现，如图 3-3 所示。它负责向交互设计师说清楚产品需要有哪些信息和功能以及它们之间层级关系。对于更加复杂的系统，专业的信息架构设计图表需要包含数据结构以及逻辑关系。

图 3-3

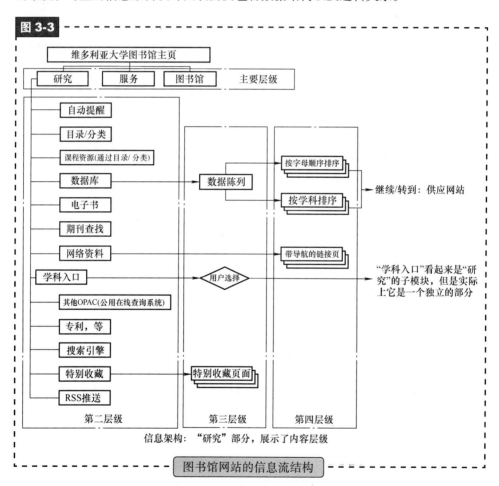

（2）交互设计

交互设计（Interaction Design）一词原本不局限于互联网，它通用的定义是：人工制品、环境和系统的行为，以及传达这种行为的外观元素的设计和定义。具体地说，就是关于创建新的用户体验的问题，其目的是增强和扩充人们工作、通信及交互的方式。

而在互联网产品交互设计中，设计者需要让自己的网站或者应用变得易用，有效而让使用者愉悦，它致力于了解目标用户和他们的期望，了解用户在同产品交互时彼此的行为，了解"人"本身的心理和行为特点，同时，还包括了解各种有效的交互方式，并对它们进行增强和扩充。

在不同的平台上设计交互方式是存在区别的，如在网页端做产品和在移动端就有很大差别，而在 Android 平台和在 iOS 平台上做 APP 也有许多的差异。现以 facebook 为例，虽然展示着同样的内容，如图 3-4 所示，在 Android 和 iOS 平台下的交互方式有着完全不同的呈现。这是 Google Android 和 Apple iOS 两套系统的交互方式差异决定的，facebook 做到了在不同的系统中使用更贴近系统的方式完成产品的交互设计。

图 3-4

facebook在Android和iOS平台下的交互方式

具体想要了解在 Android 及 iOS 设计规范可以阅读以下这两套设计规范。这两套规范细致阐述了 Android 及 iOS 平台上完成 APP 设计时应注意和遵循到的方方面面，较为深入地学习之后对移动 APP 设计的理解会有很大提升。

• 《Google Material Design》

• 《iOS Human Interface Guidelines》

交互设计领域的创新也是层出不穷的，现在用到的很多常用交互方式，都是以前那些优秀的设计师们创新的结果，如著名开发者兼设计师 Loren Brichter 在自己的独立作品 Tweetie（一款第三方的 Twitter 客户端）上首次使用了 Pull-to-Refresh（顶部下拉刷新）的交互方式。这一交互方式一经推出就饱受好评，随后的 10 年里这一交互方式已经成为所有内容类产品必备的交互方式，也成为了所有用户最常用的交互手势。

交互设计是以交互设计文档（见图 3-5）作为产出，通常情况下它应该清楚地描述要做的方案中有哪些页面，每个页面中有哪些功能和信息以及它们如何展示和排列，不同的元素组件用户如何操作，以及各种特殊情况下如何处理等。产品交互方案完成后需要分别给到视觉设计师和工程师，前者根据文档可以做出最终每个页面及当中所有元素的视觉稿，而工程师可以凭借这份文档完成所有功能逻辑的开发。

图 3-5

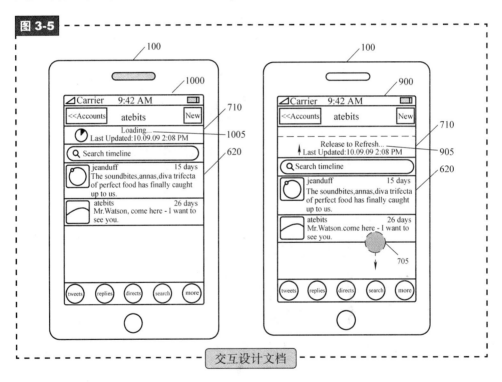

交互设计文档

交互设计工具有很多，目前互联网行业内最常用的交互设计工具有以下几个：

- Sketch

- Visio

- Axure Pro

- Omni Graffle

近年来，可交互的原型逐渐使用得多起来，设计师们可以利用一些可交互的原型工具快速制作出与最终工程实现非常接近的可操作原型，直观地向工程师或者其他成员讲述要做的方案，提高沟通的效率。目前还没有非常普及的工具出现，但比较被看好的有以下几个：

- Flinto

- Proto.io

- Framer

- Principle

- Origami

（3）视觉设计

当打开一个 APP 时，第一眼看到的是有形的视觉即界面，使用者通过界面上的按钮和页面跳转完成操作，当 APP 能够满足用户操作的时候，用户会评价"这个 APP 还可以"；如果操作顺手或超出预期地完成操作时，用户会对这个 APP 产生依赖。然而当用户对一个 APP 感觉不好，甚至删除卸载时，用户一般会觉得这款 APP/ 产品不够好，而不单单是视觉不够漂亮。可见产品设计中的视觉设计已然不是单纯的视觉，它背后承载了产品功能和数据逻辑。

- **视觉设计定义**

视觉设计（Visual Communication Design）是透过可视形式以传达某种事物为目的的主动行为。视觉传达主要或部分仰赖于视觉且以二度空间的影像呈现，包括：标示、字型编排、绘画、平面设计、插画、颜色及电子设备等。"美术设计"偏重于艺术表现（如游戏美术制作，工艺品设计），而"视觉设计"更偏重于产品的功能表达和信息传递（如各类网站，手机客户端的界面设计，电脑、音响的外壳设计）。

而在互联网时代早期及之前，并没有"视觉设计"的说法，但随着近几年互联网产业化的发展，市场越来越注重产品用户体验和服务体系，同时在视觉上，产品的创作空间也因互联网技术和产业模式的升级变得更加立体，视觉上的设计已不再是像传统美术设计那样大多是静态的表现了，更要有动态、体系、流程、信息等更多维度的考虑。视觉已然成为一种沟通现实与虚拟的媒介。如图 3-6 所示，在天气列表中是静态表现、查看详情操作及背景气象动画则是动态表现。

图 3-6

iOS系统自带天气应用的界面中静态\动态视觉表现

- **界面设计**

视觉设计涉及平面设计，品牌设计，包装设计，交互设计，模型设计，动画设计，视频制作，数据分析等多学科结合及其应用。网站、手机 APP 界面设计，图标设计是平面设计和信息传达的结合，是视觉设计的讨论范畴。网站、手机 APP 界面设计师通常被称作"UI（User Interface）设计师"，UI 设计师的工作目的一是如何设计出美观优雅的界面，二是如何让前端工程师 100% 的实现效果。前者考究的是设计能力，后者则是协作方式。一名合格的 UI 设计师需要较高的美术修养、熟练使用软件、了解设计理念、遵循设计规范，并最终提交好的设计。对于网页及手机应用界面设计需要包括审核交互原型图和需求文档、熟悉平台环境设计规范、制定设计规范、进行界面设计、标注和切图六个环节。图 3-7 所示为图标及界面草稿。

图 3-7

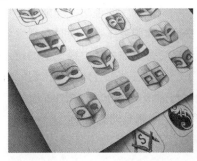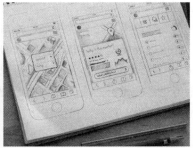

图标草稿及界面草稿

除了手绘初稿以外，更多借助工具完成界面设计。如 Illustrator、PhotoShop、Sketch 矢量工具等。

1）Illustrator 和 PhotoShop

这两款软件就是常说的"AI"和"PS"，是 Adobe Systems 旗下的系列设计软件，目前行业普及度最高的两款图像制作软件。PS 的专长是图像处理，而 AI 专长是矢量图形设计。如图 3-8 所示，AI 放大 9 倍后图像依然清晰，而 PS 放大 3 倍就明显模糊。所以因 AI 绘制的是矢量图，更适合用于手机 APP、网页设计的布局排版、按钮、图标等矢量元素进行设计。而 PS 绘制的是位图，适合做海报、照片处理、美术原画、插画等。

图 3-8

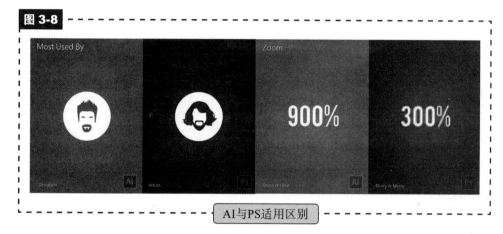

AI与PS适用区别

2）Sketch 矢量工具（见图 3-9）

Sketch 是 Bohemian Coding 公司 2010 年才推出的一款矢量设计工具，目前只有 Mac 版，相对于 AI，它功能轻量，交互易用，能满足大部分网站及应用界面的需求，适应了当下平面产品的设计趋势。自带专门为产品界面开发设定的功能，例如批量导出切图，模板，公用组件等。

• **设计案例：智能枕头 LOGO**

1）设计思路

智能枕头作为一个助眠产品的视觉识别系统设计，LOGO 主要采用更加直观和易于理解的样式，所以以图形设计和文字设计相互嵌套的形式来加深 LOGO 的意义。这种手法在如今的 APP 图标上应用很广泛，比如：手机百度、百度地图、百度糯米、美图秀秀、食色相机、天猫客户端、知乎客户端等。

图 3-9

使用Sketch矢量工具绘制的iOS 9 GUI图

2）设计过程

首先，因产品是助眠产品，外形又是枕头，从这个起点进行元素的思维发散。首先，是抽象概念的思维发散，包括：睡眠、夜晚、梦……紧接着，是具体形象的思维发散，月亮、星星、枕头、床、打呼噜的气泡、躺着的人、闭着的眼睛……将思维发散后的关键词一一记录下来，思考和筛选分析，寻找最贴切、最容易表现的，最终筛选出枕头这一元素，加上 nighty-night（英文的晚安）这一产品名称。

选择好元素后进行形象设计，形象设计的核心就在于图标要在表意明确的情况下尽可能简洁，没有特殊情况尽量选用单色。由于助眠软件大多是在晚上使用，光线较暗的情况下手机图标采用深色不会显得很刺眼（这也是大多数阅读软件有"夜间模式"这个配色的原因）；另一方面，睡眠多是在黑暗环境中，睡眠能让人与深色联系。因此，LOGO 的配色选择黑色。

形象和配色选好后进行设计。选用手绘线稿的方式，一步一步加粗，调整细节，增加细节直到满意为止。

铅笔稿绘制完成后，为了扫描方便，用黑色水笔对边缘加深。

扫描铅笔稿或者用手机拍照。为了提高后续转化效果，现将拍好的照片拖进 Photoshop 中调高对比度，使其黑白分明。

接下来，将调好的照片拖入 Adobe illustrator，有两种方法：其一，选择→对象→图像描摹，软件会自动将 LOGO 照片转化为矢量图，但是有一个缺点，自动转化对于细节的把握不是很好；第二种方法是直接用 AI 的钢笔工具。这里选择第二个方法，用钢笔工具一点一点抠，这也是平面设计者用得较多的方法。

抠好后，需要再次拖动锚点，对细节进行调整直到满意后，出成品图。

图 3-10 所示为智能枕头 LOGO 的设计过程。

智能枕头LOGO的设计过程

- **外观设计**

产品外观设计是指物品的装饰性或美学特征。外观设计可以是立体特征，如物品的形状或外表，也可以是平面特征，如图案、线条或颜色。很粗俗的理解，就是产品的外壳设计。

在大学生科技创新作品中，外观设计时常被忽略，所以使得一个可以实现功能的作品，没有一件"漂亮衣裳"。产品的外观设计增加了产品的使用和大众接受度。如图 3-11 所示，可见外观设计的重要性。

图 3-11

产品原型及外观设计

在大学生创新作品中，外观材料可以使用硬纸壳、塑料、木板等材质，但是随着 3D 打印技术的普及，越来越多的作品选用 3D 打印做产品外观。

3D 打印，又叫增材制造技术，是一种三维实体快速自由成形制造新技术，它综合了计算机的图形处理、数字化信息和控制、激光技术、机电技术和材料技术等多项高技术的优势。3D 打印相对于传统工业制作，具有制造复杂物品不增加成本、产品多样化不增加成本、零时间交付、设计空间无限等特点。图 3-12 所示为 3D 打印机及 3D 打印作品。

除了一台 3D 打印机外，还需要准备一个 STL 格式的文件。在 Pro/Engineer 等专注模具设计三维软件中，设计好相应的立体模型，保存为 STL 格式，即可使用 3D 打印机加工出实体模型。图 3-13 所示为 Pro/Engineer 制作的电钻模型。

图 3-12

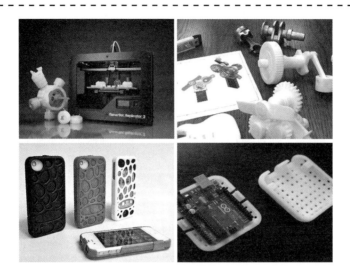

3D打印机及3D打印作品

图 3-13

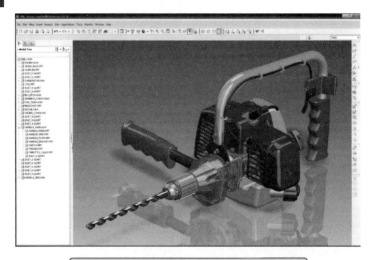

Pro/Engineer（简称Pro/E）制作的电钻模型

- **设计案例："家香"外壳设计**

1）设计思路：

"家香"是一款增进亲情的智能熏香，把气体监测、加湿、香熏结合在一起，通过情境感知借助不同气味智能提醒人们。智能熏香采用了温湿度传感器来感知环境，由小型的超声波雾化片来促进盐水和熏香的散发、灵敏的气体传感器监测可燃气体。所以"家香"可以实现在温度舒适时散发香味（比如花香、雨后花园），在湿度较低时喷出淡盐水，在检测到有可燃气体时警报等功能。

"家香"的壳体主要有四个组成部分：底层、固定层、电子层和顶层。底层储放盐水和熏香，需要独立分格；固定层把雾化片固定于底层，同时隔离上下层；电子层安放电路板，占用一定空间；顶层是熏香的出口，需要尽可能多的通孔。

壳体的试验模型，如果通过传统的手办或开模加工成形，则显著增加了加工成本和试验风险。但是，通过3D打印加工成形，不仅降低了成本和风险，还能更快完成实物交付。

2）设计过程：

底层部件如图3-14所示，固定层部件如图3-15所示，电子层部件如图3-16所示，顶层部件如图3-17所示，整体装配如图3-18所示。

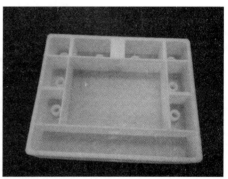

底层部件

固定层部件

图 3-16

电子层部件

图 3-17

顶层部件

图 3-18

整体装配图

思考题

1. 怎样理解产品设计"以人为本"的理念?

2. 什么是好的设计?

3. 简述产品设计的一般流程。

4. 3D 打印可以应用在哪些领域? 并试述 3D 打印完成流程。

第 4 章
嵌入式微控制器

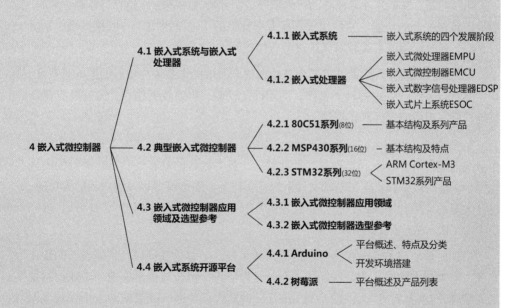

4 嵌入式微控制器

4.1 嵌入式系统与嵌入式处理器

  4.1.1 嵌入式系统 —— 嵌入式系统的四个发展阶段

  4.1.2 嵌入式处理器
    嵌入式微处理器EMPU
    嵌入式微控制器EMCU
    嵌入式数字信号处理器EDSP
    嵌入式片上系统ESOC

4.2 典型嵌入式微控制器

  4.2.1 80C51系列(8位) —— 基本结构及系列产品

  4.2.2 MSP430系列(16位) – 基本结构及特点

  4.2.3 STM32系列(32位)
    ARM Cortex-M3
    STM32系列产品

4.3 嵌入式微控制器应用领域及选型参考

  4.3.1 嵌入式微控制器应用领域

  4.3.2 嵌入式微控制器选型参考

4.4 嵌入式系统开源平台

  4.4.1 Arduino
    平台概述、特点及分类
    开发环境搭建

  4.4.2 树莓派 —— 平台概述及产品列表

4.1 嵌入式系统与嵌入式处理器

▶▶ 4.1.1 嵌入式系统

嵌入式系统（Embedded system），是一种"嵌入机械或电气系统内部、具有专属功能的计算机系统"，通常要求其计算性能拥有较高的实时性。被嵌入的系统通常是包含硬件和机械部件的完整设备，现在绝大多数常见的电子电气设备都采用嵌入式系统来控制。IEEE（Institute of Electrical and Electronics Engineers，美国电气和电子工程师协会）对嵌入式系统的定义是："用于控制、监视或者辅助操作机器和设备的装置。"嵌入式系统通常专用于处理特定的任务以及实现固定的功能，以嵌入式处理器与外设构成核心，具有严格的时序和稳定性要求。一般来讲，"嵌入性""专用性"与"计算机系统"是嵌入式系统的 3 个基本要素。

嵌入式系统的概念于 1970 年左右提出，发展至今已经历了 40 多年的时间。纵观嵌入式系统的发展过程，大致经历了 4 个阶段：

第一阶段：以单芯片为核心的可编程序控制器形式的系统，具有与监测、伺服、指示设备相配合的功能。它应用于一些专业性强的工控系统中，一般没有操作系统的支持，通过汇编语言编程对系统进行直接控制。

第二阶段：以嵌入式微处理器为基础，辅以简单操作系统为核心的嵌入式系统。其主要特点是：微处理器种类繁多，通用性比较弱；但系统开销小，效率高；操作系统具有一定的兼容性和扩展性。

第三阶段：以嵌入式操作系统为标志的嵌入式系统。其主要特点是：嵌入式操作系统能运行于各种不同类型的微处理器上，具有极高的兼容性；操作系统的内核规模小、运行效率高；支持基础文件系统、多任务、图形窗口以及用户界面等功能；包含大量的应用程序 API，使得在嵌入式系统上开发应用程序门槛大大降低，进一步丰富了嵌入式应用软件。

第四阶段：以 Internet 为标志的嵌入式系统，随着物联网以及智能设备的快速发展，越来越多的嵌入式系统将以 Internet 为依托，将会与信息家电、工业控制技术的结合日益密切，嵌入式设备与 Internet 的结合成为嵌入式系统的未来发展主流方向。

嵌入式系统的特点是高集成度、体积小、低功耗、低成本、其功能可以根据用户的具体需求进行针对性的设计与定制。因而，嵌入式技术在社会的各个方面得到了十分广泛的应用。在当前数字信息技术和网络技术高速发展的后 PC（Post-PC）时代，嵌入式系统已经广泛地渗透到科学研究、工程设计、军事技术、各类产业和商业文化艺术以及人们的日常生活等方方面面中。随着国内外各种新式嵌入式产品的进一步研发和升级，嵌入式技术会进一步推动社会的发展。

▶▶ 4.1.2 嵌入式处理器

与通用计算机系统一样，嵌入式系统也由硬件和软件两大部分构成，但嵌入式系统对其软硬件有一定特殊要求。硬件是整个系统的物理基础，它提供软件运行平台和通信接口，软件控制系统的运行。嵌入式硬件系统的核心是嵌入式处理器，它包括嵌入式处理器、各种类型程序存储器和数据存储器、模拟电路及电源、接口控制器及接插件等。嵌入式系统的硬件配置千差万别，并非统一标准。

嵌入式处理器根据应用场景和功能分为嵌入式微处理器 EMPU（Embedded Microprocessor Unit）、嵌入式微控制器 EMCU（Embedded Microcontroller Unit）、嵌入式数字信号处理器 EDSP（Embedded Digital Signal Processor）和嵌入式片上系统 ESOC（Embedded System on Chip）

- **嵌入式微处理器**

嵌入式微处理器源自通用计算机中的中央处理器（CPU），是将其应用于嵌入式领域后的一种称谓，与通用计算机处理器不同的是保留了仅与嵌入式应用紧密相关的功能硬件，与桌面版相比在性能上相比前者有所降低，但功耗却是其几分之一，以应对嵌入式领域的低功耗需求。典型的嵌入式微处理器有 IBM 公司的 PowerPC、经典的 MIPS 以及 ARM 中的 Cortex-A 系列处理器等。

- **嵌入式微控制器**

嵌入式微控制器主要是面向控制领域的嵌入式处理器，也可以看成是嵌入式微处理器在控制领域功能更为细分的版本，与其各自产品体系中普通的嵌入式微处理器相比，嵌入式微控制器虽然性能略有不及，但功耗更低，成本更低，更符合于控制应用的低功耗、大批量的需求，同时嵌入式微控制器中集成了存储器、定时器、I/O 接口以及多种通信接口与调试接口等各种必要的功能部件。典型的产品有 Intel 的 51 系列、TI 的 MSP430 系列以及 ARM 的 Cortex-M 系列产品等。

- **嵌入式数字信号处理器**

嵌入式数字信号处理器是用来在嵌入式进行专用数字信号计算的处理器，不同于通用处理器的 RISC 或 CISC 指令结构，其一般采用超长指令字结构以达到较高的指令并行和数据并行，并且在硬件结构上具有专用的乘法器和乘累加器，并含有定制的算法 IP 核，从而高效并实时地完成需要较大计算量的数字信号处理算法，典型的产品有 TI 公司的 TMS320x 系列产品以及 Motorola 公司的 DSP56000 系列等。

- **嵌入式片上系统**

嵌入式片上系统通知为一个将计算机或其他电子系统集成为单一芯片的集成电路器件，该系统可以集成一个或多个微控制器或微处理器、数字信号处理器或者FPGA等可定制逻辑单元，同时也包含相应的存储、时钟、计数器、电源电路、各种标准的总线、A-D转换设备等。一般通过将各种通用处理器内核将作为SoC设计的标准库，和许多其他嵌入式系统外设一样，作为VLSI设计中标准器件。用户只需定义整个应用系统，通过调用标准器件，仿真通过后就可以将设计图交给半导体工厂制作样品。现代嵌入式微控制器也可以看成是一种批量生产的嵌入式SoC，但同时也有个别应用需要根据具体需求进行自定义的SoC设计，以达到完成相应的任务处理。

4.2 典型嵌入式微控制器

目前市场上嵌入式微控制器种类繁多、各大厂商都有不同性能及外设需求的产品系列，但从微控制器基本的技术特点和形式来看，其可以按照5种类型进行划分，分别是按内部总线宽度、芯片形式、指令集、存储结构和内核IP授权系列进行划分。一般情况下，为了便于区分都是以内部数据总线的位宽为依据进行分类，其他分类方式可以在确定其位宽参数后进行具体讨论。具体的分类划分方法如图4-1所示。

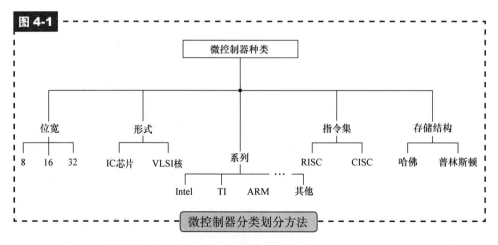

图4-1 微控制器分类划分方法

按内部总线宽度进行划分可以分为8位、16位及32位3种，而8位的又以80C51系列为经典代表，而16位微控制器以TI的MSP430、Motorola的MC68HC12等产品为代表，32位微控制器是目前高端微控制器的主流产品，ARM公司的产品是为主要代表，并且其系列产品占据了大部分的市场份额。

RISC 与 CISC 代表了两种不同理论的计算机体系结构设计学派，RISC 指令集的特点是将指令的长度缩短并且指令长度固定，其核心思想是用尽量少的简单指令实现复杂的程序功能，其代表厂家就是 ARM 公司。而 CISC 指令集特点是设计了许多特殊指令，其指令集规模较大，硬件实现复杂，而且通常是以微程序的形式来实现内部电路控制，可以达到较高性能的处理器频率，其主要应用领域在桌面或服务器上的 x86 处理器，嵌入式领域亦有涉足，代表厂家就是 Intel 公司。

如果一个微控制器为其程序存储器和数据存储器分别提供独立的地址空间，则该微控制器为哈佛存储结构，对于这两种存储间的数据传输，可以提供单独的指令和对应的单独控制信号；而如果一个微控制器为其程序提供公用的程序和数据存储地址空间，则该微控制器为普利斯顿存储结构，也叫冯诺依曼存储结构，是一种早期的存储结构。目前大部分的微控制器都是以哈佛存储结构为主。

同时，按芯片的存在形式也可分为可以实际直接使用的 IC 芯片，同时也有厂家授权的可以进行定制修改的 IP 软核（硬件描述代码或门电路形式），比如 ARM 公司的处理器授权就是这种形式，通过厂家的定制，可以根据市场需求推出满足不同应用场合的 ARM 系列处理器产品。

最后，是以目前嵌入式微控制器主要 IP 授权厂家为划分，即 8 位处理器的 IP 授权厂家 Intel 公司、16 位的 TI 公司及目前最为热门的 ARM 公司。

▶▶ 4.2.1　80C51 系列

80C51 系列微控制器是在 Intel 公司的 MCS-51 系列产品上发展起来的，早期的 80C51 只是 MCS-51 系列众多芯片中的一类，但是随着 Intel 技术的开放，80C51 微控制器逐渐被各大厂商生产，并成为 8 位微控制器的典型代表。生产 80C51 系列微控制器的公司有 NXP、Atmel、Silicon Labs、SST 以及国内的 STC（深圳宏晶科技有限公司）等众多厂商，这些厂商生产的芯片都是以 80C51 为核心并且与 Intel 的 MCS-51 兼容，但又各具特点，根据不同市场需求有着不同的外设部件。比如新一代的 80C51 兼容芯片增加了目前市场主流的外部接口功能单元，如 ADC、DAC、可编程计数器阵列 PCA、看门狗 WDT、高速 I/O 口、计数器的捕获 / 比较逻辑等。有些产品甚至增加了片上调试功能。

80C51 的基本结构如图 4-2 所示，其基本组成部分介绍如下：

- **微处理器**

80C51 系列的 CPU 是一个 8 位处理器，结构和通用微处理器基本相同，包含运算器和控制器两大部分，为了增强实时性，侧重了面向控制的处理器功能，如位处理、查表、多种跳转、状态监测、中断处理等。

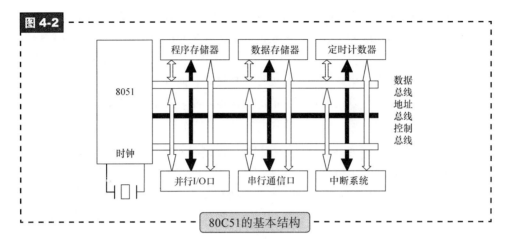

图 4-2

80C51的基本结构

- **程序存储器**

程序存储器为哈佛结构，其实体为 Flash ROM 芯片。如果片内程序存储器容量不够，在片外可进行扩充。目前主流的程序存储器可达 64KB，已基本满足大部分应用程序的需求。

- **数据存储器**

使用随机存取存储器 RAM 来存储程序在运行期间的工作变量和数据。一般为 128~256B 的 RAM，小容量的数据存储器以高速 RAM 新式集成在微控制器中，可以大大提高微控制器的运行速度，而且功耗极低。同时，80C51 内的寄存器在逻辑上划分在片内 RAM 上，所以内部 RAM 也可以看成是寄存器堆。除此之外，在外部扩充数据存储器也是非常常见的。

- **可编程并行 I/O 口**

为了符合面向控制的实际应用需求，80C51 微控制器提供了数量多、功能强、使用灵活的并行 I/O 口。不同系列产品的并行 I/O 电路结构上会有些差异，有些产品的并行 I/O 口不仅可以选做输入 / 输出，而且兼具其他功能。比如 P0 口，既是 I/O 口又是系统总线，从而为扩展外部存储器和 I/O 接口提供了方便。

- **全双工串行口 UART**

目前基本所有的 80C51 系列产品都配置了全双工串行口 UART，有的甚至会根据需求配置多个。串行口提供了与某些终端设备进行串行通信或与特殊功能器件相连的能力，甚至多个微控制器相连组成多片系统，从而提高系统的适用性。

- **定时器 / 计数器**

在微控制器的实际应用中，往往需要精确的定时或者对事件进行计数。为了减小软件开销并提高实时控制能力，目前 80C51 系列产品中均配置了定时器 / 计数器电路，通过中断，实现相关定时 / 计数的自动处理。

- 中断控制系统

中断控制系统有效解决了快速 CPU 与慢速外设直接通信的问题，可使这两个不同工作频率的部件并行工作。并可以及时处理控制系统中许多随机产生的参数与信息，使得微控制器具有实时处理能力。

下面介绍几个应用范围比较大的 80C51 系列产品

- Atmel 公司的 AT89C5X 系列

该系列产品继承了 80C51 的全部功能，在印记及指令系统方面完全兼容。此外还在原基础之上增加了一些新的功能，比如 WDT，ISP 及 SPI 串行总线技术等。其中 AT89S51 增加了 ISP 及 SPI，时钟频率最高达 33MHz，Flash 存储器允许并行重复编程，支持在线可编程写入技术，同时支持两种低功耗方式，非常适合电池供电的低功耗应用场景。

- STC 公司生产的 STC89C 系列

STC 系列是国产 80C51 系列微控制器的代表产品，也是目前全球最大的 80C51 设计及生产公司。其 STC89C 系列微控制器最高工作频率可达 80MHz，Flash 程序存储器容量最高为 64KB，RAM 数据存储器最高为 1024KB。STC12C 系列还支持最多 4 路 PWM，10 位高速 ADC 集成 1KB E^2PROM 及应急 WDT，而且都支持低功耗功能。

- Silicon Labs 公司生产的 C8051F 系列

该公司生产的 C8051F 系列微控制器具有自主知识产权的 CIP-51 内核，主要模块包括模拟外设、数字外设、片内 JTAG 调试和边界扫描、高速控制器内核等几个部分，该系列产品是目前 8 位微控制器中功能最齐全、性能最高的一种。C8051F 包含多个系列，主要有 F02X、F04X、F06X、F34X、F35X、F41X 等子系列。

▶▶ 4.2.2 MSP430 系列

MSP430 系列是 TI 公司具有超低功耗 16 位 RISC 结构、混合信号处理功能的微控制器，广泛应用于手持设备嵌入式应用系统中，其突出特点是超低功耗。MSP430 系列产品为电池供电的测量应用提供了最佳的解决方案。这里的混合信号指模拟信号和数字信号。典型应用包括实用计量、便携式仪表、智能传感和消费类电子产品。

MSP430 系列微控制器的主要特点：强大的处理能力、超低功耗、系统工作稳定、丰富的片上外围模块、方便高效的开发环境、适于工业级的运行环境。

主要特点如下：

1）处理能力强

MSP430 系列微控制器采用了精简指令集 RISC 结构，具有丰富的寻址方式、简洁的内核指令以及大量的模拟指令，大量的寄存器以及片内数据存储器都可参加多种运算，还有高效的查表处理指令。这些特点保证了可编制出高效率的源程序。

2）运算速度快

MSP430 系列微控制器能在 25MHz 晶振的驱动下，实现 40ns 的指令周期。16 位的数据宽度、40ns 的指令周期以及多功能的硬件乘法器（能实现乘加运算）相配合，能实现数字信号处理的某些算法（如 FFT 等）。

3）超低功耗

MSP430 系列微控制器之所以有超低的功耗，是因为其在降低芯片的电源电压和灵活可控的运行时钟方面都有独到之处。

4）丰富的片内资源

MSP430 系列微控制器集成了较丰富的片内外设。它们分别是看门狗定时器（WDT）、模拟比较器 A、定时器 A0（Timer_A0）、定时器 A1（Timer_A1）、定时器 B0（Timer_B0）、UART、SPI、I2C、硬件乘法器、液晶驱动器、10 位 /12 位 ADC、DMA.I/O 端口、基本定时器（Basic Timer）、实时时钟（RTC）和 USB 控制器等若干外围模块的不同组合。

MSP430 目前有 1 系列、2 系列、3 系列、4 系列、5 系列、6 系列，内嵌 FRAM 的 FRAM 系列，具有低电压工作的低电压系列以及具有射频片上系统的 RF SOC 系列等。

典型的 MSP430 微控制器结构如图 4-3 所示。

▶▶ 4.2.3 STM32 系列

（1）ARM Cortex-M3

ARM（Advanced RISC Machines），既可以认为是一个公司的名字，也可以认为是对一类微处理器的通称，还可以认为是一种技术的名字，ARM 系列产品中的 32 位嵌入式微处理器是目前市场的主流产品，占据了嵌入式市场的绝大多数份额。ARM 处理器为 RISC 芯片，其简单高效的结构使 ARM 内核非常小，这使得器件的功耗也非常低，并且其指令集结构具有经典 RISC 的特点。

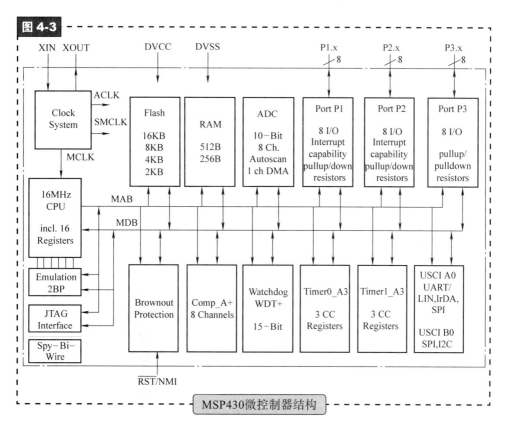

图 4-3 MSP430微控制器结构

ARM Cortex-M3 是一种基于 ARMv7 架构的最新 ARM 嵌入式内核，它采用哈佛结构，用分离的指令和数据总线。ARM 公司对 Cortex-M3 的定位是向专业嵌入式市场提供低成本、低功耗的芯片。Cortex-M3 处理器是一个 32 位的处理器。内部的数据通路是 32 位的，寄存器是 32 位的，寄存器接口也是 32 位的；Cortex-M3 的中央内核基于哈佛结构，指令和数据各使用一条总线，所以 Cortex-M3 处理器对多个操作可以并行执行，加快了应用程序的执行速度；Cortex-M3 处理器使用 Thumb-2 指令集，它允许 32 位指令和 16 位指令的兼容使用，代码密度与处理性能大幅提高。与传统的 ARM 处理器相比，Cortex-M3 在许多方面都更先进：

1）无状态切换的额外开销，节省了 BOOT 执行时间和指令空间。

2）不再需要把源代码文件分成按 ARM 编译和按 Thumb 编译，软件开发的复杂度大大降低。

基于 Cortex-M3 内核的处理器已渐成气候，以处处满溢的先进特性力压群芳。由于采用了最新的设计技术，它的门数更低，性能却更强。许多曾经只能求助于高级 32 位处理器或 DSP 的软件设计，都能在 CM3 上很好地运行。

Cortex-M3 内核基本结构如图 4-4 所示。

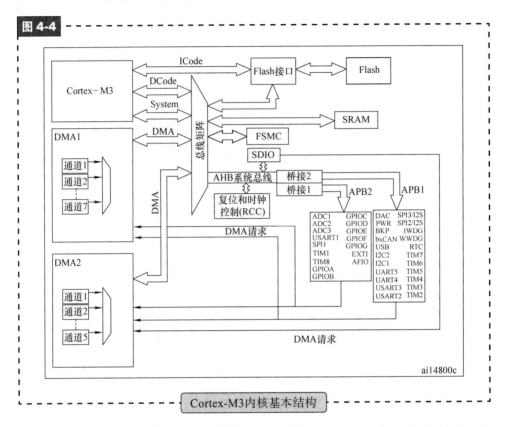

图 4-4

Cortex-M3内核基本结构

其中包含 4 个主动单元：M3 内核的 ICode 总线（I-bus）、DCode 总线（D-bus）、系统总线（S-bus）、DMA（DMA1、DMA2、以太网 DMA），以及 4 个被动单元：内部 SRAM、内部闪存、FSMC、AHB 到 APB 桥。

总线部分有 ICode 总线：将 M3 内核的指令总线与 FLASH 指令接口相连，用于指令预取；DCode 总线：将 M3 内核的数据总线与 FLASH 数据接口相连，常量加载和调试；系统总线：将 M3 内核的系统总线与总线矩阵相连，协调内核与 DMA 访问；DMA 总线：将 DMA 的 AHB 主控接口与总线矩阵相连，协调CPU 的 DCode 和 DMA 到 SRAM、闪存、外设的访问。

总线矩阵：协调内核系统总线和 DMA 主控总线间的访问仲裁，仲裁采用轮换算法包含 DCode、系统总线、DMA1 和 DMA2 总线、被动单元。

AHB 到 APB 桥：两个 AHB/APB 桥在 AHB 和两个 APB 总线间提供同步连接APB1 速度限于 36MHz，APB2 全速最高 72MHz。

（2）STM32 系列产品

ARM 公司是专门从事基于 RISC 技术芯片设计开发的公司，作为知识产权供应商，本身不直接从事芯片生产，靠转让设计许可由合作公司生产各具特色的芯片。2004 年 ARM 公司推出了 Cortex-M3 MCU 内核。紧随其后，ST（意法半导体）公司就推出了基于 Cortex-M3 内核的 MCU——STM32。STM32 凭借其产品线的多样化、极高的性价比、简单易用的开发方式，迅速在众多 Cortex-M3 MCU 中脱颖而出，成为最闪亮的一颗新星。

意法半导体公司开发的 STM32 系列处理器采用了 Cortex-M3 的内核架构。该系列芯片专用于为了满足能耗使用低、处理性能强、芯片的实时性效果好、价格低廉的嵌入式场合要求。STM32 系列给微处理器使用者带来了广阔的开发空间，提供全新的 32 位产品供用户选择使用，结合了产品性能高、能耗低、实时性强、电压要求低等特点，而且还具备芯片的集中程度高和方便开发的优点。

STM32 系列处理器目前主要有 3 个大的类别。STM32F101 是基础产品系列，其处理运算速率可以达到 36MHz；STM32F103 是加强型产品系列，其处理运算速率可以达到 72MHz，该系列芯片本身集成很多内部的 RAM 和外围设备；STM32 系列的 F105 和 F107 是该公司最先进应用于网络通信的芯片产品，和其他系列的芯片相比，增加了以太网接口和 USB 接口。意法半导体公司的 STM32 系列 MCU 芯片具备很多特点，如下：

1）运用了 ARM 公司最新的、最先进的 Cortex-M3 内核。

2）突出的能耗控制。STM32 经过特别设计，将动态耗电机制、电池供电方式下低电压工作性能和等待运行状态下的低功耗进行最优化处理控制。

3）创新出众的外设。

4）提供各种开发资源和固件库便于用户开发，促使新研发的产品很快上市。

STM32 一上市就迅速占领了中低端 MCU 市场，颇有星火燎原之势，这与它倡导的基于固件库的开发方式密不可分。采用库开发的方式可以快速上手，仅通过调用库里面的 API（应用程序接口）就可以迅速搭建一个大型的程序，写出各种用户所需的应用，这就大大降低了学习的门槛和开发周期。

图 4-5 是 STM32 系列微控制器产品布局图，法国 ST（意法半导体公司）的主要产品有 ARM7 的 STR7 系列、ARM9 的 STR9 系列，Cortex-M0 的 STM32F0 系列、Cortex-M3 的通用型 STM32F1 系列、低功耗型的 STM32L1 系列、高性能的 STM32F2 系列和 Cortex-M4 的 STM32 F4 系列 ARM 芯片。

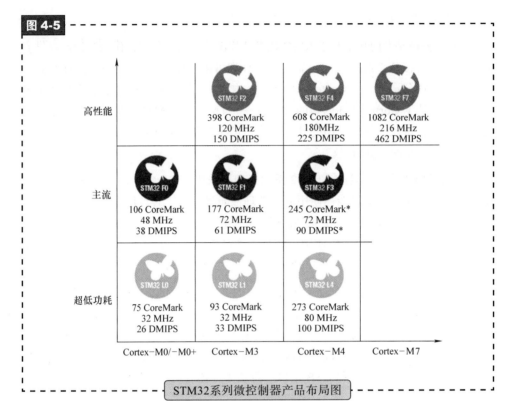

图 4-5　STM32系列微控制器产品布局图

- **基于 ARM Cortex-M0 的 STM32F0 系列**

ST 的 STM32F0 系列是基于 ARM Cortex-M0 的 ARM 芯片，内部有 12 位 ADC 和 12 位 DAC、2 个比较器、CRC 模块、1 个 32 位定时器、6 个 16 位定时器、看门狗、16 位三相电机控制器、C 和 SPI 等外设组件内部 Flash 从 16~64KB，SRAM 从 4~8KB，有 STM32F050x 和 STM32F051x 两个子系列，有 32 引脚、48 引脚和 64 引脚 3 种封装，性价比高。

- **基于 ARM Cortex-M3 的主流 ARM 芯片 STM32F1 系列**

ST 的 STM32F1 系列是基于 ARM Cortex-M3 的主流 ARM 芯片，主要用于满足工业，医疗、消费电子等领域的需求。主要包括超值型系列 STM32F100、基本型系列 STM32F101，USB 基本型系列 STM32F102、增强型系列 STM32F103（电机控制 +CAN+USB）以及互连型系列 STM32F105/107（以太网 MAC+USB+CAN）。

- **基于 ARM Cortex-M3 的超低功耗 ARM 芯片 STM32L1 系列**

ST 的 STM32L1 系列是基于 ARM Cortex-M3 的超低功耗 ARM 芯片，主要包括 STM32L151 和 STM32L152，主要用于高性能、低功耗场合。

- **基于 ARM Cortex-M3 的高性能 ARM 芯片 STM32F2 系列**

ST 的 STM32F2 系列是基于 ARM Cortex-M3 的高性能 ARM 芯片，内部 Flash 高达 1MB，SRAM 达到 192KB，具有以太网、IJSB、摄像头接口、硬件加密及外部存储器扩展接口等。主要包括 STM32F205、STM32F207、STM32F215 和 STM32F217 四个子系列。主要用于高性能场合。

- **基于 ARM Cortex-M4 的 ARM 芯片 STM32F4 系列**

ST 的 STM32F4 系列是基于 ARM Cortex-M4 的高性能 ARM 芯片系列，内部 Flash 高达 1MB，SRAM 达到 128KB，具有以太网、USB、双路 CAN、摄像头接口、硬件加密及外部存储器扩展接口并具有 DSP 功能等，主要包括 STM32F405、STM32F407、STM32F415 和 STM32F417 共 4 个子系列。

4.3 嵌入式微控制器应用领域及选型参考

▶▶ 4.3.1 嵌入式微控制器应用领域

嵌入式微控制器的应用十分广泛，可应用于工业、航空航天、国防军事、消费电子、智能家居、物联网等应用领域，涉及军事、工业、农业、生产和生活的方方面面，其具体应用领域大体可以分为以下几个方面：

- **工业控制应用领域：**

1）智能仪器仪表中的应用

测试仪表和医疗仪器以数字化、智能化、高精度、小体积、低成本、便于增加显示报警和自诊断功能为特征，是嵌入式微控制器所具备的。微控制器以其体积小、功耗低、控制功能强、扩展灵活、微型化和使用方便等优点，广泛应用于现代智能仪器仪表中。

2）工业自动化中的应用

工业生产涉及过程控制、数据采集和测量与控制技术、机器人技术、机电一体化技术等。使用嵌入式微控制器可以构成形式多样的嵌入式控制系统、数据采集系统及自动控制系统。

3）工业控制设备中的应用

以嵌入式微控制器为核心的嵌入式系统嵌入到工业控制设备中，具有可独立控制和联网控制的功能，实现设备的远程无人值守。

4）汽车电子中的应用

嵌入式微控制器在现代汽车电子领域起到非常关键的作用，汽车电子中的ECU（电子电气控制单元）实际上是专门为汽车电子控制各分系统设计的专用MCU，一个汽车电子控制系统有多个ECU，分别对点火控制子系统、前车门控制子系统、后车门控制子系统、座椅控制子系统、后视镜控制子系统、雨刷器控制子系统、自动巡航子系统、音响控制子系统、刹车控制子系统等进行分别控制，均需要嵌入式微控制器的参与，各子系统之间通过相互通信接口和总线连接。

5）机器人领域

嵌入式微控制器构建的嵌入式应用系统在机器人控制领域起到核心控制作用，机器人感知信息的获取以及机器人各关节的操作只有通过微控制器的精确控制，才能完成预定的控制功能，并满足智能机器人的各项动作及目标要求。

- **国防军事应用领域**

现代化武器中火炮控制、导弹控制、智能炸弹制导引爆装置，以及各军种的军用电子装备、雷达、电子对抗军事通信装备等都是通过嵌入式微控制器组成的嵌入式系统所实现。

- **消费电子应用领域**

1）家用电器中的应用

家用电器中均内置嵌式微控制器，常用的如冰箱、洗衣机、空调机、微波炉、电视机、数字机顶盒等都是典型的以微控制器为核心的嵌入系统。一般功能简单的家用电器大部分均采用80C51系列微控制器实现。

2）POS机中的应用

- **计算机网络通信应用领域**

1）无线传感器网络

2）物联网

3）基础网络设备

4）智能通信接口

- **智能家居应用领域**

目前主流的智能家居系统都是以微控制器为核心的网关及网络设备，可用手机或用无线网络进行远程家电控制，这其中包括以微控制器为核心的嵌入式系统构成的安全保卫监控系统、防盗报警系统、空调系统、照明系统、环境测量系统等。

- **办公自动化应用领域**

办公自动化中较为常见的打印机、扫描仪、传真机、复印机、考勤机等均是以微控制器为处理核心，是一种较为成熟的嵌入式产品。

- **智能交通应用领域**

智能交通系统主要由交通信息采集、交通状况监视、交通控制、信息发布和通信五大子系统组成。各种信息都是智能交通系统的运行基础，而以嵌入式微控制器为主的交通管理嵌入式系统在测速雷达、运输车队遥控指挥系统、车辆导航系统等方面对交通数据的获取、存储、管理、传输等方面的控制都起着非常重要的作用。

- **公共安全应用领域**

公共场合的照明、信号灯控制、应急设备的自动控制、灾害预警、人脸识别和其他身份识别、消防自动报警系统等均由嵌入式系统来完成。

▶▶ 4.3.2　嵌入式微控制器选型参考

目前，市场上的嵌入式微控制器芯片种类繁多，每个厂商的产品又各具特色，如何从众多的嵌入式微处理器芯片产品中选择能够满足具体应用系统需求的芯片，是摆在设计者面前的一个问题。只有选定了嵌入式微控制器，才可以基于微控制器进行嵌入式系统硬件设计。选择合适的嵌入式微控制器可以节省开发成本、保证产品性能、加快开发速度。

嵌入式微控制器的选型应该遵循以下总体原则：以性价比选择为第一位，满足功能和性能要求（包括可靠性）的前提下，价格越低越好。

性能：应该选择完全能够满足功能和性能要求且略有余量的嵌入式微控制器。

价格：成本是系统设计的一个关键要素，在满足需求的前提下选择价格便宜的。

除了以上总体选择原则外，还需要考虑参数选择原则，可分为功能性参数选择和非功能性参数选择。

功能性参数选择：功能性参数即满足系统功能要求的参数，包括内核类型、处理速度、片上 Flash 及 SRAM 容量、片上集成 GPIO、内置外设接口、通信接口、操作系统支持、开发工具支持、调试接口、行业用途等。

（1）微控制器内核

任何一款基于嵌入式微控制器的芯片都是以某个内核为基础设计的，因此都是以内核的基本性能参数及基本功能为依据，这些基本功能决定了所设计的嵌入式系统的最终性能。因此嵌入式微控制器的选择首要任务是评估系统性能需求，并考虑基于什么架构的内核可以胜任系统需求。实际中，对内核的选择取决于许多性能要求，如对内核结构中指令流水线的级数、指令集的结构、可以达到的最高时钟频率、内核的最低功耗及功耗控制功能等。

（2）系统时钟频率

系统时钟频率决定了微控制器的处理速度，时钟频率越高，处理速度也越快，但频率越高所产生的功耗也就越大（同等集成电路工艺下）。通常微控制器的速度主要取决于内核的时钟频率。

（3）存储器容量

限于存储器成本问题，大部分微处理器芯片的片上存储器的容量都非常有限，必要时用户可在设计系统时进行外部存储器扩展。片内存储器的大小是要考虑的因素之一。包括内置 Flash 和 SRAM 大小，要估计程序量和数据量以选取合适的芯片，同时片内存储资源非常宝贵，要对代码进行优化，以节省存储空间。目前对于微控制器的应用通常不考虑外部扩展存储器，因此选择能够满足程序存储器要求的内置 Flash 容量以及满足存储数据要求的 SRAM 大小是重点考虑的参数。

（4）外围组件

除内核外，大部分微控制器芯片或片上系统均根据各自不同的应用需求，扩展了相关的功能模块，并集成在芯片之中，如 USB 接口、SPI 接口、I^2C 接口、I^2S 接口、LCD 控制器、键盘接口、RTC、ADC/DAC、DSP 协处理器等。设计者应分析系统的需求，尽可能采用已提供的片内外围硬件组件完成所需的功能。这样既可简化系统的设计，也提高了系统的可靠性，降低了成本。片内外围硬件组件的选择可从以下几个方面考虑。

1）GPIO 外部引脚数

在系统设计时需要统计实际可用的 GPIO 引脚数量，并对输入 / 输出引脚进行规划。必须选择那些至少能满足系统要求的，并留有一定空余引脚的嵌入式微控制器芯片。

2）定时 / 计数组件

实际应用中的嵌入式系统需要若干个定时或计数功能，必须考虑微控制器内部定时器的个数，目前定时 / 计数器一般多为 16 位 /24 位或 32 位。如果是需要脉冲宽度调制（PWM）以控制电机等对象，还要考虑 PWM 定时器。多数系统需要一个准确的时钟和日历，因此还要考虑微控制器内部是否集成了 RTC（实时时钟）。还要考虑抗干扰因素，是否需要一个看门狗定时器（WDT）等。

3）LCD 液晶显示控制器组件

对于人机交互界面及用 LCD 液晶显示屏的场合，就需要考虑内部集成了 LCD 控制器的微控制器，根据需要可选择有标准 LCD 控制器和驱动器的微控制器或者有段式 LCD 驱动器的微控制器。

4）多核处理器

对于特定处理功能的嵌入式系统，要根据其功能特征选用不同搭配关系的多核微控制器或片上系统。对于多核处理器结构的选型，须考虑以下几个方面：

—— ARM+DSP 多处理器可以加强数字信号运算功能和多媒体处理功能。

—— ARM+FPGA 多处理器的结合可以提高系统的定制化计算和硬件的在线升级能力。

5）模拟与数字间的转换组件

对于实际的工业控制或自动化领域或传感器网络应用领域，必然涉及模拟量的输入，因此要考虑内部具有 ADC 的微控制器，选择时还要考虑 ADC 的通道数、ADC 的分辨率及转换速度。对于有些需要模拟信号输出的场合，还要考虑 DAC，选择时要考虑 DAC 的通道数分辨率。如果没有 DAC，也可考虑使用 PWM 外加运算放大器，通过软件来模拟 DAC 输出。

6）通信接口组件

嵌入式系统与外部往往连接了许多设备，因此要求内部具有相应的不同互连通信的接口。根据系统需求查询芯片手册，看看哪款芯片基本满足通信接口的要求，如 I^2C、SPI、UART、CAN、USB、Ethernet、I^2S 等。

表 4-1 提供了 51 内核、Cortex-M 内核及其他一些内核的对比，为功能性选择参考提供了基本依据。

表 4-1　嵌入式微控制器选型参考表

性能 \ 内核	51 内核	其他 8 位内核	16 位内核	其他 32 位内核	Cortex-M 内核
处理速度	差	差	一般	好	好
功耗	低	低	较低	高	高
代码密度	低	低	一般	低	高
内存	小	小	较小	大	大
向量中断	好	好	好	一般	好
中断延时	少	少	较少	较多	很少
成本	低	低	较低	高	低
供货源	好	差	差	差	好
编译器选择	好	一般	一般	一般	好
软件可移植性	好	一般	一般	一般	好

非功能性参数：所谓非功能性需求，是指为满足用户业务需求而必须具有且除功能需求以外的特性。非功能性需求包括系统的性能、可靠性、可维护性、可扩充性和对技术／业务的适应性等。对于非功能性需求，描述的困难在于很难像功能性需求那样通过结构化和量化的词语来描述清楚。因此在描述这类需求时，经常采用性能要好等较模糊的描述词语。

系统的可靠性、可维护性和适应性是密不可分的。而系统的可靠性是非功能性要求的核心，系统可靠性是根本，它与许多因素有关。

对于以嵌入式微控制器为核心的嵌入式系统来说，非功能性参数是指除满足系统功能外，还要以最小成本、最低功耗以保障嵌入式系统长期稳定地可靠运行。这些非功能性要求的参数，包括电压范围、工作温度、封装形式、功耗特性与电源管理、成本、抗干扰能力与可靠性、开发环境的易用性及资源的可重用性等。

为了保障嵌入式系统能够长期、稳定、可靠地工作，还要考虑特殊要求的微控制器。

（1）工作电压要求

不同的微控制器，其工作电压是不相同的，常用微控制器的工作电压有 5V、3.3V、2.5V 和 1.8V 等不同电压等级。也有些微控制器对电压范围要求很宽，宽电压工作范围如果在 1.8~3.6V 均能正常工作，那么可以选择 3.3V 的电源供电。因为 3.3V 和 5V 的外围器件可以直接连接到微控制器的引脚上，无须电平的匹配电路。

（2）工作温度要求

工作环境尤其是温度范围，不同地区的环境温度差别非常大，应用于恶劣环境下尤其要特别关注微控制器的适应温度范围，比如有些微控制器只适于在 0~45℃工作，有的适于 –40~85℃，有的适于 –40~105℃，也有些适于 –40~125℃，因此在价格差别不大的前提下，选择宽温度范围的微控制器可以满足更宽范围的温度要求。

（3）体积及封装形式

对于某些场合，受局部空间的限制，必须考虑体积大小的问题。对于微控制器来说，实际上跟封装有关系。封装形式与线路板制作、整体体积要求有关。在初次实验阶段或初学阶段，如果有双列直插式（DIP）封装的，则选用 DIP 封装，这样便于拔插和更换，也便于调试和调整线路。在成型之后，尽量选择贴片封装的微控制器，这样一方面可靠性高，另一方面可以节约 PCB 面积以降低成本。

嵌入式微控制器一般有 QFP、TQFP、PQFP、LQFP、BGA、LBGA 等几种贴

片封装。BGA 封装具有芯片面积小的特点，可以减小 PCB 板的面积，但是需要专用的焊接设备，无法手工焊接。另外，一般 BGA 封装的芯片无法用双面板完成PCB 布线，需要多层 PCB 板布线，最容易焊接且使用广泛的是 LQFP 封装形式。

（4）功耗与电源管理要求

（5）价格因素

（6）是否长期供货

（7）抗干扰能力与可靠性

（8）支持的开发环境及资源的丰富性

4.4　嵌入式系统开源平台

为尽可能减少嵌入式系统的开发难度，目前市场上有一些技术开放的硬件软件相结合的嵌入式系统开源平台，通过在这些开源平台上进行实例练习与源码学习，可以快速掌握嵌入式系统的组成、嵌入式微控制器及外设的使用，并可以结合实际应用需求实现一些功能较为完善的演示系统。这种开源的嵌入式平台形式始于国外，但在国内嵌入式学习领域也逐渐形成规模，目前主流的平台有 Arduino 和树莓派，其相关资料和课程实例较为丰富，是非常适合初学者的入门平台。

4.4.1　Arduino

Arduino 是一块单板的微控制器和一整套的开发软件，它的硬件包含一个以Atmel AVR 单片机为核心的开发板和其他各种 I/O 板。软件包括一个标准编程语言开发环境和在开发板上运行的程序。Arduino 是一款便捷灵活、方便上手的开源电子原型平台。包含硬件（各种型号的 Arduino 板）和软件（Arduino IDE）。由一个欧洲开发团队于 2005 年冬季开发，主要包含两个主要的部分：硬件部分是可以用来做电路连接的 Arduino 电路板；另外一个则是 Arduino IDE，用户计算机中的程序开发环境。

Arduino 能通过各种各样的传感器来感知环境，通过控制灯光、电动机和其他的装置来反馈、影响环境。板子上的微控制器可以通过 Arduino 的编程语言来编写程序，编译成二进制文件，烧录进微控制器。对 Arduino 的编程是利用 Arduino编程语言（基于 Wiring）和 Arduino 开发环境（基于 Processing）来实现的。基于Arduino 的项目，可以只包含 Arduino，也可以包含 Arduino 和其他一些在 PC 上运行的软件，它们之间进行通信（比如 Flash，Processing，MaxMSP）来实现。

Arduino 平台的特点有：

1）跨平台

Arduino IDE 可以在 Windows、Macintosh OS X、Linux 三大主流操作系统上运行，而其他的大多数控制器只能在 Windows 上开发。

2）简单清晰

Arduino IDE 基于 processing IDE 开发。对于初学者来说，极易掌握，同时有着足够的灵活性。Arduino 语言基于 wiring 语言开发，是对 avr-gcc 库的二次封装，不需要太多的单片机基础、编程基础，简单学习后，可以快速地进行开发。

3）开放性

Arduino 的硬件原理图、电路图、IDE 软件及核心库文件都是开源的，在开源协议范围内里可以任意修改原始设计及相应代码。

4）发展迅速

Arduino 不仅仅是全球最流行的开源硬件，也是一个优秀的硬件开发平台，更是硬件开发的趋势。Arduino 简单的开发方式使得开发者更关注创意与实现，更快地完成自己的项目开发，大大节约了学习的成本，缩短了开发的周期。

因为 Arduino 的种种优势，越来越多的专业硬件开发者已经或开始使用 Arduino 来开发他们的项目、产品；越来越多的软件开发者使用 Arduino 进入硬件、物联网等开发领域；大学里，自动化、软件，甚至艺术专业，也纷纷开展了 Arduino 相关课程。

该平台可以快速使用 Arduino 与 Adobe Flash，Processing，Max/MSP，Pure Data，SuperCollider 等软件结合，做出互动作品。Arduino 可以使用现有的电子元件，例如开关或者传感器或者其他控制器件、LED、步进电动机或其他输出装置。Arduino 也可以独立运行，并与软件进行交互，例如：Macromedia Flash，Processing，Max/MSP，Pure Data，VVVV 或其他互动软件。

目前市场上主要的平台分类以及其主要的硬件组成见表 4-2。图 4-6、图 4-7 所示分别为 UNO 和 Nano 平台外观。

这其中 Duemilanove 属于早期产品，现已停产，但作为 Arduino 的早期入门产品仍具有一定的参考和学习价值，而 UNO R3 属于入门级产品，同时也是使用人数最多的一款，适合初学者使用。Nano 与 Duemilanove 功能一致，但体积更小，适用场合更为广泛，相比之下，Mini 为最小的 Arduino 产品，但需要外部的程序下载器的支持，Leonardo 可以模拟鼠标键盘等 USB 外设，而 MEGA2560 位配置最高的 8 位 Arduino 产品，最后，Due 为到 32 位产品，其性能最高，同时其 Flash 和 SRAM 配置也是最高的，用户可以根据自身需求选择相应的产品进行学习和练习。

表 4-2 Arduino 平台分类以及其主要硬件组成表

	Duemil-anove	UNO R3	Nano	Mini	Leonardo	MEGA2560 R3	Due
MCU	ATmega-168/328	ATmega-328	ATmega-168/328	ATmega-168/328	ATmega-32u4	ATmega-2560	AT91SA-M3X8E
工作电压/IO 电压	5V	5V	5V	5V	5V	5V	3.3V
数字 IO	14	14	14	14	20	54	54
PWM	6	6	6	6	7	15	12
模拟输入 IO	6	6	8	8	12	16	12
时钟频率	16MHz	16MHz	16MHz	16MHz	16MHz	16MHz	84MHz
Flash	16KB/32kV	32KB	16KB/32kV	16KB/32kV	32KB	256KB	512KB
SRAM	1KB/2KB	2KB	1KB/2KB	1KB/2KB	2.5KB	8KB	96KB
EEPROM	512bytes/1KB	1KB	512bytes/1KB	512bytes/1KB	1KB	4KB	—
USB 芯片	FTDI FT232RL	ATmega-16u2	FTDI FT232RL	—	—	ATmega-16u2	

图 4-6

Arduino UNO平台

图 4-7

Arduino NANO平台

在 Arduino 上执行的程式可以使用任何能够被编译成 Arduino 机器码的编程语言编写。而 Atmel 也提供了数个可以开发 Atmel 微处理机程式的集成开发环境，AVR Studio 和更新的 Atmel Studio。而 Arduino 计划也提供了 Arduino Software IDE，一套以 Java 编写的跨平台应用软件。Arduino Software IDE 源自于 Processing 编程语言以及 Wiring 计划的集成开发环境。它是被设计于介绍程式编写给艺术家和不熟悉程式设计的人们，且包含了一个拥有语法突显、括号匹配、自动缩排和一键编译并将执行烧写入 Arduino 硬件中的编辑器。

- **Arduino 开发环境搭建**

（1）安装 Arduino IDE

— 前往 https://www.arduino.cc/en/Main/Software 下载所需的安装包，并安装。

— 插入 Arduino 开发板（以 Arduino Nano 为例），如图 4-8 所示，打开控制面板→设备管理器。

— 在端口（COM 和 LPT）下看见 Arduino 即为成功。

图 4-8

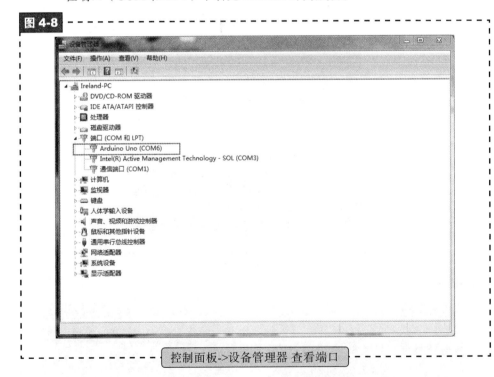

控制面板->设备管理器 查看端口

（2）第一个程序：Hello, Arduino!

— 打开 Arduino IDE，工具→端口。端口号可以参考设备管理器上的名字。

— 选择开发板：工具→开发板→ Arduino Nano。

— 输入第一个 Arduino 代码。

```
void setup ( ) {                     // 设置串口波特率为 9600
  Serial.begin ( 9600 );        }
void loop ( ) {                       // 每 2s 在串口监视器中打印一个 Hello, Arduino!
  Serial.println ( "Hello, Arduino!" );
  delay ( 2000 );                  }
```

— 上传成功之后，如图 4-9 所示，打开串口监视器，即可看见输出"Hello, Arduino!"。

图 4-9

打开串口监视器查看结果

▶▶ 4.4.2 树莓派

树莓派（Raspberry Pi），是一款基于 Linux 的单板机电脑。它由英国的树莓派基金会所开发，目的是以低价硬件及自由软件促进学校的基本计算机科学教育。树莓派的生产是通过有生产许可的两家公司：Element 14/Premier Farnell 和 RS Components。这两家公司都在网上出售树莓派。

树莓派配备一枚博通（Broadcom）出产的 ARM 架构 700MHz BCM2835 处理器，256MB 内存（B 型已升级到 512MB 内存），使用 SD 卡当作存储媒体，且拥有一个 Ethernet、两个 USB 接口、以及 HDMI（支持声音输出）和 RCA 端子输出支持。树莓派只有一张信用卡大小，体积大概是一个火柴盒大小，可以运行像《雷神之锤 III 竞技场》的游戏和进行 1080p 视频的播放。操作系统采用开源的 Linux 系统如 Debian、ArchLinux，自带的 Iceweasel、KOffice 等软件，能够满足基本的网络浏览、文字处理以及电脑学习的需要。分 A、B 两种型号，售价分别是 A 型 25 美元、

B 型 35 美元。图 4-10 所示为 B+ 型外观，图 4-11 所示为应用树莓型进行开发，图 4-12 所示为引脚图。

- A 型：1 个 USB 口、不支持有线网络接口、功率 2.5W，500mA、256MB RAM。

- B 型：2 个 USB 口、支持有线网络、功率 3.5W，700mA、512MB RAM、26 个 GPIO。

- B+ 型：4 个 USB 口、支持有线网络，功耗 1W，512MB RAM、40 个 GPIO。

-

Raspberry Pi 3（B+型）

树莓派应用

图 4-12

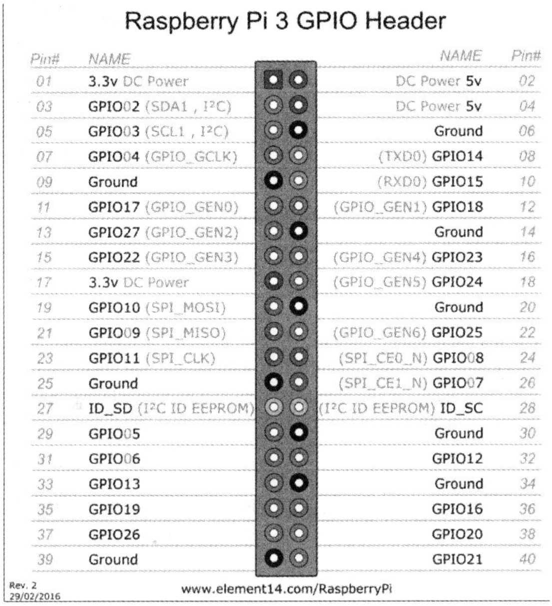

Raspberry Pi 3 GPIO Header

Pin#	NAME			NAME	Pin#
01	3.3v DC Power			DC Power 5v	02
03	GPIO02 (SDA1 , I²C)			DC Power 5v	04
05	GPIO03 (SCL1 , I²C)			Ground	06
07	GPIO04 (GPIO_GCLK)			(TXD0) GPIO14	08
09	Ground			(RXD0) GPIO15	10
11	GPIO17 (GPIO_GEN0)			(GPIO_GEN1) GPIO18	12
13	GPIO27 (GPIO_GEN2)			Ground	14
15	GPIO22 (GPIO_GEN3)			(GPIO_GEN4) GPIO23	16
17	3.3v DC Power			(GPIO_GEN5) GPIO24	18
19	GPIO10 (SPI_MOSI)			Ground	20
21	GPIO09 (SPI_MISO)			(GPIO_GEN6) GPIO25	22
23	GPIO11 (SPI_CLK)			(SPI_CE0_N) GPIO08	24
25	Ground			(SPI_CE1_N) GPIO07	26
27	ID_SD (I²C ID EEPROM)			(I²C ID EEPROM) ID_SC	28
29	GPIO05			Ground	30
31	GPIO06			GPIO12	32
33	GPIO13			Ground	34
35	GPIO19			GPIO16	36
37	GPIO26			GPIO20	38
39	Ground			GPIO21	40

Rev. 2
29/02/2016   www.element14.com/RaspberryPi

Raspberry Pi 3 GPIO引脚

树莓派基金会提供了基于 ARM 架构的 Debian、Arch Linux 和 Fedora 等的发行版供大众下载，还计划提供支持 Python 作为主要编程语言，支持 BBC BASIC（通过 RISC OS 映像或者 Linux 的 "Brandy Basic" 克隆）、C 语言和 Perl 等编程语言。

树莓派基金会于 2016 年 2 月发布了树莓派 3，较前一代树莓派 2，树莓派 3 的处理器升级为了 64 位的博通 BCM2837，并首次加入了 WiFi 无线网络及蓝牙功能，而售价仍然是 35 美元。树莓派产品列表见表 4-3 所示。

表 4-3 树莓派产品列表

名称	A 型	A+ 型	B 型	B+ 型	B 型 2 代	B 型 3 代
价格	$25	$25	\$35			
SOC 配置	Broadcom BCM2835（CPU，GPU DSP 和 SDRAM、USB）				Broadcom BCM2836（CPU，GPU DSP 和 SDRAM、USB）	Broadcom BCM2837（CPU，GPU DSP 和 SDRAM、USB）
CPU	ARM1176JZF-S 核心（ARM11 系列）700MHz				ARM Cortex-A7（ARMv7 系列）900MHz（四核心）	ARM Cortex-A53 64 位（ARMv8 系列）1.2GHz（四核心）
GPU	Broadcom VideoCore IV，OpenGL ES 2.0，1080p 30 h.264/MPEG-4 AVC 高清解码器					
内存	256MB		256，512MB		1024MB LPDDR2	
USB2.0 个数	1	1	2	4		
视频输入	15- 针头 MIPI 相机（CSI）界面，可被树莓派相机或树莓派相机（无红外线版）使用					
视频输出	视频用 RCA 端子（PAL&NTSC）、HDMI，HDMI 界面可使用 14 种分辨率，分别从 640×350 到 1920×1200 之间					
音源输入	I²S					
音源输出	3.5mm 插孔，HDMI 电子输出或 I²S					
板载存储	SD/MMC/SDIO 卡插槽	MicroSD 卡插槽	SD/MMC/SDIO 卡插槽	MicroSD 卡插槽		
网络接口	没有（需通过 USB）		10/100Mbit/s 以太网接口（RJ45 接口）		10/100Mbit/s 以太网接口（RJ45 接口），支持 802.11n 无线网络及蓝牙 4.1	
外设	8 个 GPIO、UART、I²C、带两个选择的 SPI 总线	14 个 GPIO 及 HAT 规格铺设	除 A 型所拥有之外设之外，亦有 4 个 GPIO 可供用户使用	14 个 GPIO 及 HAT 规格铺设		
额定功率	1.5W（5V/300mA）	1W（5V/200mA）	3.5W（5V/700mA）	3.0W（5V/600mA）	4.0W（5V/800mA）	
电源输入	5V 电压（通过 MicroUSB 或经 GPIO 输入）					

思考题

1. 什么是嵌入式系统？嵌入式系统一般由哪几部分构成？

2. 举例说明嵌入式系统、嵌入式处理器、嵌入式微处理器的关系。

3. 简述 CISC 结构和 RISC 结构，并参照 80C51 指令集和 ARM 指令集，比较这两种指令集结构的具体区别。

4. 简述 STM32 系列处理器的特点。

5. 嵌入式微控制器选型需要参考哪些参数和指标？

6. 结合 Arduino 官方指导手册的实例，在 Arduino 开发平台上进行一次完整的操作，熟悉 Arduino 平台的硬件组成和软件开发流程。

7. 试举例说明树莓派开发平台可以提供哪些应用？

CHAPTER

5

第 5 章
传感器和执行器

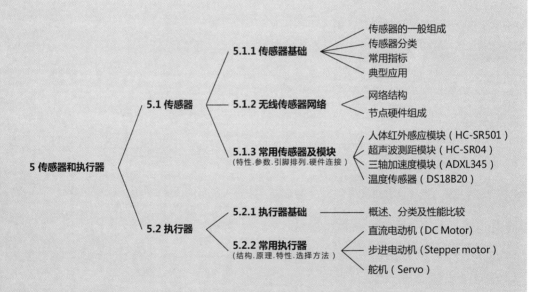

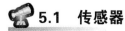

5.1 传感器

▶ 5.1.1 传感器基础

人们为了从外界获取信息，必须借助于感觉器官。而单靠人们自身的感觉器官，在研究自然现象和规律以及生产活动中它们的功能是远远不够的。为适应这种情况，就需要传感器。传感器技术与信息科学息息相关，在信息科学领域里，传感器被认为是生物体"五官"的工程模拟物，是自动检测和自动转换技术的总称。人体系统、机器系统对外界刺激响应的过程如图 5-1 所示。它是以研究自动检测系统中信息获取、信息转换和信息处理的理论和技术为主要内容的一门综合性技术科学，并与计算机、通信、自动化控制技术构成一条从信息的采集、处理、传输到应用的完整信息链。

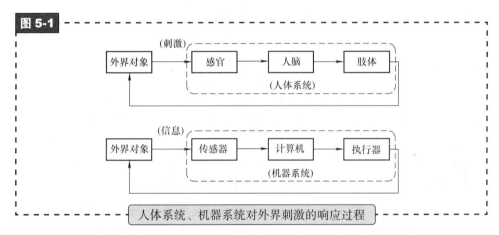

图 5-1

人体系统、机器系统对外界刺激的响应过程

目前，传感器技术的含义还在不断扩充和发展，已成为一个综合性的交叉学科。传感器早已渗透到诸如工业生产、宇宙开发、海洋探测、环境保护、资源调查、医学诊断、生物工程，甚至文物保护等极其广泛的领域。可以毫不夸张地说，从茫茫的太空，到浩瀚的海洋，以至各种复杂的工程系统，几乎每一个现代化项目，都离不开各种各样的传感器。

传感器（Transducer/Sensor）是一种检测装置，能感受到被测量的信息，并能将感受到的信息，按一定规律变换成为电信号或其他所需形式的信息输出，以满足信息的传输、处理、存储、显示、记录和控制等要求。在现代工业生产尤其是自动化生产过程中，要用各种传感器来监视和控制生产过程中的各个参数，使设备工作在正常状态或最佳状态，并使产品达到最好的质量。它是实现自动检测和自动控制的首要环节。

（1）传感器的一般组成

传感器是一种以一定的精确度把被测量转换为与之有确定对应关系的、便于应用的某种物理量的测量装置。传感器的功能可概括为一感二传，即感受被测信息并传送出去。传感器只完成被测参数至电量的基本转换，它一般由敏感元件、转换元件两部分组成。但由于敏感元件或转换元件的输出信号一般比较微弱，需要相应的转换电路将其变为易传输、转换、处理和显示的物理量。另外，除能量转换型传感器外，还需要加辅助电源提供必要的能量。随着集成技术在传感器的应用，敏感元件、转换元件、转换电路、辅助电源常集成在一块芯片上。传感器的一般组成框图如图 5-2 所示。

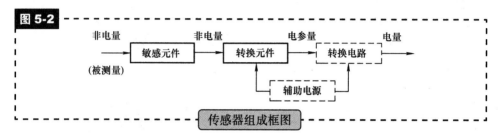

图 5-2

传感器组成框图

敏感元件是能够灵敏地感受被测量并输出与之有确定关系的另一个物理量。传感器的工作原理一般由敏感元件的工作原理决定。如金属或半导体应变片，能感受压力的大小而引起形变，形变程度就是对压力大小的响应，所以金属或者半导体应变片是一种压力敏感元件；铂电阻能感受温度的升降而改变其阻值，阻值的变化就是对温度升降的响应，所以铂电阻就是一种温度敏感元件。

转换元件指传感器中能将敏感元件的输出转换为适于传输和测量的电信号部分，一般传感器的转换元件是需要辅助电源的。但有些传感器的敏感元件与转换元件是合并在一起的，如热电偶是一种感温元件，可以测量温度，被测温度源的温度变化可以由热电偶直接转换成热电势输出。转换元件又可以细分为电转换元件和光转换元件。

被测物理量通过信号检测传感器后转换为电参数或电量，其中电阻、电感、电容、电荷、频率等还需要进一步转换为电压或电流。通常情况下，电压、电流还需要放大。这些功能都是有转换电路实现的。因此，转换电路是信号检测传感器与测量记录仪表和计算机之间的重要桥梁。

（2）传感器分类

传感器的品种丰富、原理各异，监测对象几乎涉及各种参数，通常一种传感器可以检测多种参数，一种参数可以用于多种传感器测量。因此传感器的分类非常多，以下是几种常见的分类方法。

- **按工作原理分类**

电阻式传感器、电容式传感器、电感式传感器、压电式传感器、热电式传感器等。

- **按技术分类**

超声波传感器、温度传感器、湿度传感器、气体传感器、压力传感器、加速度传感器、紫外线传感器、磁敏传感器、图像传感器、电量传感器、位移传感器等。

- **按应用分类**

压力传感器、温湿度传感器、pH 传感器、流量传感器、液位传感器、超声波传感器、浸水传感器、照度传感器、差压变送器、位移传感器、称重传感器、测距传感器等。

- **电子式传感器**

IR 红外线近接 / 测距、超音波距离检测、室内定位系统、碰撞传感器、数位电子罗盘（方向）、GPS 卫星定位模组、陀螺仪与加速度计、霍尔效应传感器、RFID Reader 模组等。

（3）常用指标

传感器是将被测物理量转化为与之对应关系的电量输出装置，它的输入 - 输出特性分为静态特性和动态特性。静态特性主要指标有线性度、迟滞、重复性、灵敏度与灵敏度误差、稳定性等；动态响应特性一般并不能直接给出其微分方程，而是通过实验给出传感器与阶跃响应曲线和幅频特性曲线上的某些特征值来表示仪器的动态响应特性。先描述传感器常用指标，以方便选型。

灵敏度： 传感器在稳定下输出量的变化和输入量的变化比例。传感器的灵敏度和量程存在一定的矛盾。灵敏度越高，量程相对较小；灵敏度低，量程相对较大。所以根据实际应用需求，折中选择。

响应时间： 在特定待测量作用下，输出量达到稳定值 63.2% 所需时间。

线性度： 传感器和输入之间的线性关系程度。传感器的理想输入 - 输出特性是线性的，但实际有偏差。

迟滞： 判断实际特性和理想特性差别的指标。

（4）典型应用

- **工厂生产的传感器**

在石油、化工、电力、钢铁等工业生产中需要检测各工艺环节的参数信息，通过电子计算机和控制器对生产过程进行自动控制。这些工业自动化生产的庞大生产线实际上通过数百种传感器协同合作实现的，如定位、计数、流量控制、温湿度、材料检测等。

- **环境监测的传感器**

大气环境是人类赖以生存的自然空间，随着工业生产技术的提高，汽车尾气、PM2.5、工业废气等空气污染问题越来越受重视。燃气报警器、甲烷气体传感器、甲醛传感器等传感器在检测排放的同时也保护家庭安全。酒精检测、汽车气体排放等测量也通过传感器鉴别。

- **汽车上的传感器**

汽车技术发展特征之一就是越来越多的部件采用电子控制。然而电子控制的同时就离不开传感器，汽车上的8个常见传感器包括：空气流量传感器、里程表传感器、机油压力传感器、水温传感器，ABS传感器，节气门位置传感器，曲轴位置传感器，碰撞传感器。近年汽车制造中也增加了许多功能型传感器，如：气囊传感器、泊车传感器、轮胎压力监测系统（TPMS）等。在汽车里这些传感器，它们各司其职，保障行驶安全。

- **智能手机上的传感器**（见图5-3和表5-1）

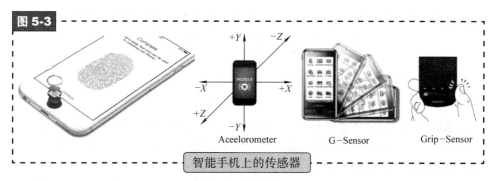

图 5-3

Aceelorometer　　G-Sensor　　Grip-Sensor

智能手机上的传感器

表 5-1　智能手机常见传感器原理及用途

传感器名称	原　　　理	用　　　途
光线传感器	光敏晶体管，根据外借光线不同，产生强弱不等的电流	自动调节屏幕背景亮度
距离传感器	红外LED灯发射红外线，被近距离物体反射后，红外探测器通过接收到红外线的强度，测定距离	检测手机是否贴在耳朵上正在打电话
重力传感器	传感器内部一块重物和压电片整合，通过正交两个方向产生的电压大小，来计算水平方向。利用压电效实现	手机横竖屏智能切换、重力感应类游戏
加速度传感器	通过三个维度确定加速度方向，利用压电效实现	计步、手机摆放位置朝向角度

（续）

传感器名称	原　理	用　途
磁场传感器	感受到微弱磁场变化时会导致自身电阻变化	指南针、地图导航方向
陀螺仪	依据角动量守恒原理，三轴陀螺仪可以替代三个单轴陀螺仪，同时测定 6 个方向的位置、移动轨迹及加速度	体感、摇一摇
指纹传感器	常见电容指纹传感器。手指构成电容的一极，另一极是硅晶片阵列，通过人体带有的微电场与电容传感器间形成微电流，指纹的波峰波谷与感应器之间的距离形成电容高低差，从而描绘出指纹图像	加密、解锁、支付
霍尔感应器	依据霍尔磁电效应。当电流通过一个位于磁场中的导体时，磁场会对导体中的电子产生一个垂直于电子运动方向上的作用力，从而在导体的两端产生电势差	翻盖自动解锁、合盖自动锁屏
心率传感器	通过高亮度 LED 光源照射手指，当心脏将新鲜的血液压入毛细血管时，亮度呈现周期性变化。通过摄像头快速捕捉这一有规律变化的间隔，再通过手机内应用换算，从而判断出心脏的收缩频率	运动、健康

随着技术的进步，手机已经不再是简单的通信工具，而是一部具有综合功能的便携式电子设备。智能手机的定位、指纹识别、重力感应、心跳采集等功能都是通过传感器实现的。

▶▶ 5.1.2　无线传感器网络

传感器信息的获取技术逐步向集成化、微型化和网络化方向发展。无线传感器网络（Wireless Sensor Network，WSN）综合了微电子技术、嵌入式计算、网络、无线通信技术、分布式信息处理技术等先进技术，能够协同地实时监测、感知和采集网络覆盖区域内的各种环境或监测对象信息（比如温度、声音、振动、压力、运动或污染物），并对其进行处理，处理后的信息通过无线方式发送，并以自组多跳的网络方式传送给观察者。无线传感器网络是由在空间上相互离散的众多传感器相互协同组成的网络系统，它使得分布在不同场所的数量庞大的传感器之间能够实现更有效、更可靠的传输。无线传感器网络的发展最初起源于战场监测等军事应用。而现今无线传感器网络被应用于很多民用领域，如环境与生态监测、健康监护、家居自动化以及交通控制等。

如图 5-4 所示，无线传感器网络包括传感器节点、汇聚节点和管理节点，并通过互联网或卫星的方式将汇聚节点和管理节点相连。其中传感器节点通常是一个微小的嵌入式系统，它具有感知物理环境和处理数据的能力，但是存储和处理能力较弱。如图 5-5 所示，一个无线传感器节点需要电源、数据采集模块（感知部件）、数据处理模块（处理模块）、数据传输模块（无线通信发送部件）以及软件组成。电源提供节点工作的必需能源；数据采集模块感知、获取外界信息并转换成数字信号；数据处理模块负责对采集模块获取的信息进行处理和存储，控制采集模块和电源的工作方式，协同各个节点之间的工作；数据传输模块负责节点间、节点和用户间的通信；软件为传感器节点提供包括操作系统、数据库等软件支持。大量传感器节点随机部署在检测区域内或附近，各个传感器节点的地位相同，通过自组织的方式构成网络。传感器节点将数据沿着其他节点逐跳地进行传输，在传输过程中数据可能被多个节点处理，经过多跳路由后到达汇聚节点。单个传感器节点的尺寸大到一个航天飞机，小到一粒尘埃。传感器节点的成本也是不定的，从几百美元到几美分，这取决于传感器网络的规模以及单个传感器节点所需的复杂度。传感器节点尺寸与复杂度的限制决定了能量、存储、计算速度与带宽的受限。节点可以长期放置在荒芜的地区，用于监测环境变量。

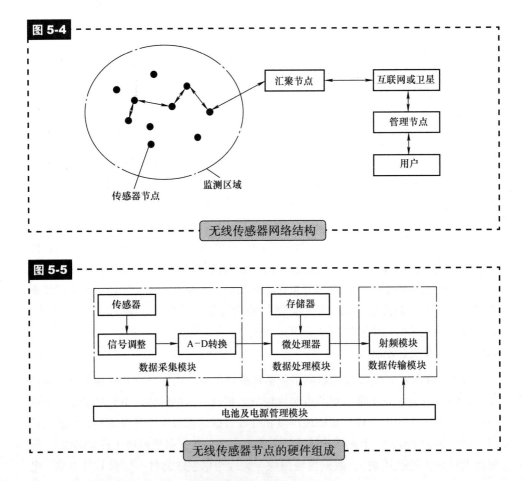

图 5-4

汇聚节点 ←→ 互联网或卫星

管理节点

用户

传感器节点　　监测区域

无线传感器网络结构

图 5-5

传感器

信号调整 → A-D转换 → 微处理器 → 射频模块

存储器

数据采集模块　　数据处理模块　　数据传输模块

电池及电源管理模块

无线传感器节点的硬件组成

汇聚节点的处理能力、存储能力和通信能力相对较强，它连接无线传感器网络与互联网等外部网络，实现两种协议栈之间的通信协议转换，同时发布管理节点的监测任务，并将收集的数据转发到外部网络上。汇聚节点既可以是一个具有增强功能的传感器节点，有足够的能量供给和更多的内存与计算资源，也可以是没有监测功能，而仅带有无线通信接口的特殊网关设备。

管理节点一般为普通的计算机系统，充当无线传感器网络服务器的角色。管理节点通过互联网或卫星与汇聚节点相连。用户通过管理节点对传感器网络进行管理和配置，发布检测任务，收集监测数据，监控整个网路的数据和状态。

无线传感器网络借助节点中内置的形式多样的传感器，可以协作地测量所在周边环境中的热、红外、声呐、雷达和地震波等信号，从而探测包括温度、湿度、光强、电磁、压磁、压力、地震、土壤成分、物体大小、物体速度等众多环境信息。无线传感器网络自组织、无中心、动态，具有快速展开、抗毁性强等特点。

无线传感器网络是实现物联网的基石，它通过传感器节点感知、收集和处理物理世界的信息，实现"无处不在"的通信。可以应用在军事通信、农业管理、医疗监控等方面。

▶▶ 5.1.3 常用传感器及模块

（1）人体红外感应模块（HC-SR501）

HC-SR501 是基于红外技术的自动控制模块，当检测到人或者动物发出的红外线并用经过菲涅尔滤光片增强后聚集到红外感应源上，将感应的红外信号转化为电信号。HC-SR501 模块灵敏度高、可靠性强、超低电压工作模式，广泛应用到各类自动感应电器设备，尤其是干电池供电的自动控制产品。

- **模块参数**

— 工作电压：DC 5~20V；

— 静态功耗：65μA；

— 电平输出：高 3.3V，低 0V；

— 延时时间：可调（0.3~18s）；

— 封锁时间：0.2s；

— 触发方式：L 不可重复，H 可重复，默认值为 H（跳帽选择）；

— 感应范围：小于 120° 锥角，7m 以内；

— 工作温度：-15~+70℃。

- **模块特性**

— 以探测人体辐射为目标，热释电元件对波长为 $10\mu m$ 左右的红外辐射非常敏感。

— 辐射照面通常覆盖有特殊的菲涅尔滤光片，使环境的干扰受到明显的控制作用。

— 被动红外探头，其传感器包含两个互相串联或并联的热释电元。

— 人体红外辐射通过部分镜面聚焦，并被热释电元接收，但是因两片热释电元接收到的热量不同，热释电也不同，不能抵消，经信号处理而报警。

— 菲涅尔滤光片根据性能要求不同，具有不同的感应距离，从而产生不同的监控视场。

- **引脚排列**（见图 5-6）

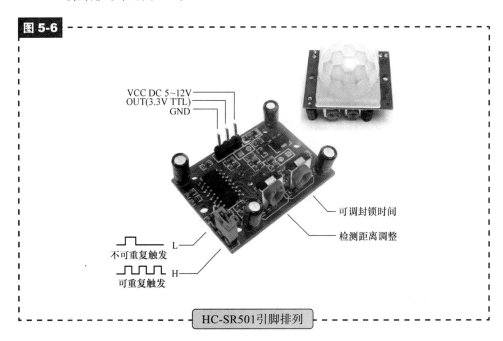

图 5-6

VCC DC 5~12V
OUT(3.3V TTL)
GND

可调封锁时间
检测距离调整

L
不可重复触发

H
可重复触发

HC-SR501引脚排列

- **触发方式：**

— 不可重复触发方式（L）：感应输出高电平后，延时时间一结束，输出将自动从高电平变为低电平。

— 可重复触发方式（H）：感应输出高电平后，在延时时间段内，如果有人体在其感应范围内活动，其输出将一直保持高电平，直到人离开后才延时将高电平变为低电平。

可调封锁时间及检测距离调节：

— 封锁时间：感应模块在每一次感应输出后（高电平变为低电平），可以紧跟着设置一个封锁时间，在此时间段内感应器不接收任何感应信号。此功能可以实现（感应输出时间和封锁时间）两者的间隔工作，可应用于间隔探测产品；同时此功能可有效抑制负载切换过程中产生的各种干扰。默认封锁时间 2.5s。

— 调节检测距离。

· 与 Arduino 连接（见图 5-7）

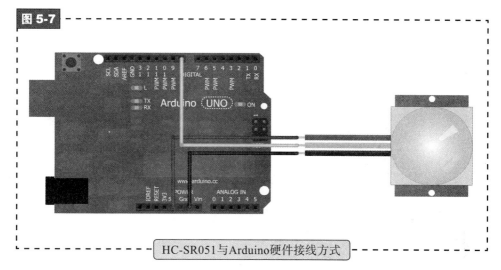

图 5-7

HC-SR051与Arduino硬件接线方式

（2）超声波测距模块（HC-SR04）

HC-SR04 超声波测距模块可提供 2~400cm 的非接触式距离感测功能，测距精度可达到 3mm；模块包括超声波发射器、接收器与控制电路。

· **基本工作原理**

— 采用 IO 口 TRIG 触发测距，给至少 10μs 的高电平信号。

— 模块自动发送 8 个 40kHz 的方波，自动检测是否有信号返回。

— 有信号返回，通过 IO 口 ECHO 输出一个高电平，高电平持续的时间就是超声波从发射到返回的时间。测试距离 =（高电平时间 * 声速（340m/s））/2。

· **模块参数**

— 工作电压：DC 5V；

— 工作电流：15mA；

— 工作频率：40kHz；

— 最远射程：4m；

— 最近射程：2cm；

— 测量角度：15°；

— 输入触发信号：10μs 的 TTL 脉冲。

— 输出回响信号：输出 TTL 电平信号，与射程成比例。

— 规格尺寸 45mm × 20mm × 15mm。

- 引脚排列（见图 5-8）

图 5-8

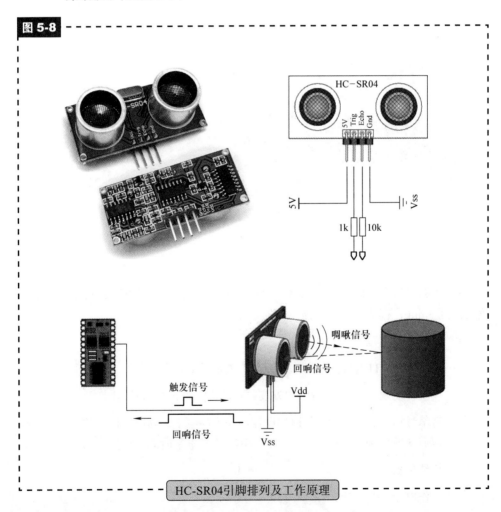

HC-SR04引脚排列及工作原理

- 与 Arduino 连接（见图 5-9）

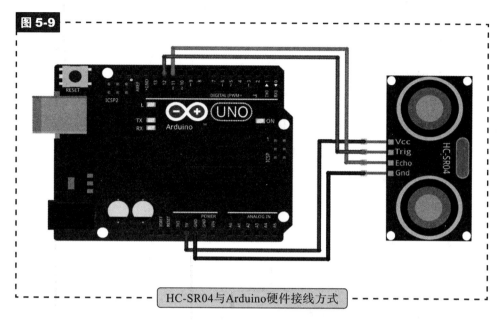

图 5-9

HC-SR04与Arduino硬件接线方式

（3）三轴加速度模块（ADXL345）

ADXL345 是一款小而薄的超低功耗 3 轴加速度计，分辨率高（13 位），测量范围达 ±16g。数字输出数据为 16 位二进制补码格式，可通过 SPI（3 线或 4 线）或 I^2C 数字接口访问。ADXL345 非常适合移动设备应用。它可以在倾斜检测应用中测量静态重力加速度，还可以测量运动或冲击导致的动态加速度。其高分辨率（3.9mg/LSB），能够测量不到 1.0° 的倾斜角度变化。该器件提供多种特殊检测功能。活动和非活动检测功能通过比较任意轴上的加速度与用户设置的阈值来检测有无运动发生。敲击检测功能可以检测任意方向的单振和双振动作。自由落体检测功能可以检测器件是否正在掉落。这些功能可以独立映射到两个中断输出引脚中的一个。低功耗模式支持基于运动的智能电源管理，从而以极低的功耗进行阈值感测和运动加速度测量。

- **特性**

— 超低功耗：V_s=2.5V 时（典型值），测量模式下低至 23μA，待机模式下为 0.1μA；

— 功耗随带宽自动按比例变化；

— 用户可选的分辨率；

— 单振 / 双振检测；

— 活动 / 非活动监控；

— 自由落体检测；

— 电源电压范围：2.0~3.6V；

— I/O 电压范围：2.5V；

— SPI（3 线和 4 线）和 I^2C 数字接口；

— 灵活的中断模式，可映射到任一中断引脚；

— 通过串行命令可选测量范围；

— 通过串行命令可选带宽；

— 宽温度范围（–40~+85℃）；

— 抗冲击能力：10000g；

— 无铅 / 符合 RoHS 标准；

— 小而薄：3mm × 5mm × 1mm，LGA 封装。

• **引脚排列**（见图 5-10 及表 5-2、表 5-3）

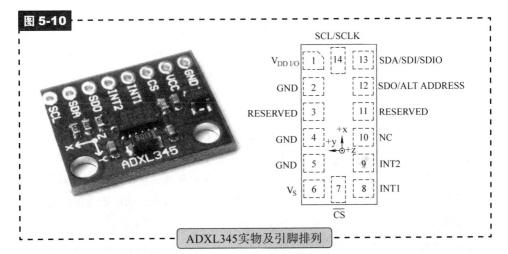

ADXL345实物及引脚排列

表 5-2 ADXL345 引脚说明

引脚	符号	说明
1	$V_{DD\,I/O}$	数字接口电源电压
2	GND	该引脚必须接地
3	RESERVED	保留，该引脚必须连接到 V_S 或保持断开
4	GND	该引脚必须接地

（续）

引脚	符号	说　明
5	GND	该引脚必须接地
6	V_S	电源电压
7	$\overline{CS}$	片选
8	INT1	中断 1 输出
9	INT2	中断 2 输出
10	NC	内部不连接
11	RESERVED	保留。该引脚必须接地或保持断开
12	SDO/ALT ADDRESS	串行数据输出（SPI 4 线）/ 备用 I^2C 地址选择（I^2C）
13	SDA/SDI/SDIO	串行数据（I^2C）/ 串行数据输入（SPI4 线）/ 串行数据输入和输出（SPI3 线）
14	SCL/SCLK	串行通信时钟。SCL 为 I^2C 时钟，SCLK 为 SPI 时钟

表 5-3　ADXL345 电源时序

条　件	V_S	$V_{DD\,I/O}$	描　述
关断	关	关	该器件完全关断，但可能存在通信总线冲突
总线禁用	开	管	该器件开启，进入待机模式，但通信不可用，并且与通信总线冲突。上电时应尽量减少该状态持续时间，以防冲突
总线使能	关	开	无功能可用，但该器件不会与通信总线冲突
待机或测量模式	开	开	上电时，器件处于待机模式，等待进入测量模式的命令，所有传感器功能关闭。该器件得到指示后进入测量模式，所有的传感器功能都可用

- 与 Arduino 连接（见图 5-11）

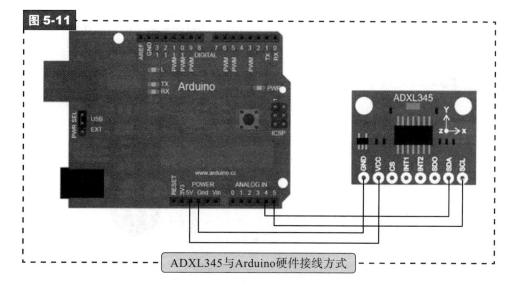

图 5-11

ADXL345与Arduino硬件接线方式

（4）温度传感器（DS18B20）

DS18B20 是常用的温度传感器，是 Dallas 公司生产的单总线数字温度传感器。具有体积小，硬件开销低，抗干扰能力强，精度高的特点。DS18B20 数字温度传感器接线方便，封装成后可适用于各种狭小空间设备数字测温和控制领域等多种场合。

DS18B20 提供了 9 位（二进制）温度读数指示器件的温度，信息经过单线接口送入 DS18B20 或者从 DS18B20 送出，因此从主机 CPU 到 DS18B20 进一条线（和地线），DS18B20 的电源可以由数据线本身提供，不需要外部电源。

· **特性**

— 独特的单线接口，只需 1 个接口引脚即可通信；

— 支持多点组网功能，多个 DS18B20 可以并联在唯一的三线上，最多只能并联 8 个，实现多点测温；

— 不需要外部元件；

— 工作电源：DC 3~5V，可用数据线供电；

— 不需备份电源；

— 测量范围从 –55~125℃，增量值为 0.5℃；

— 以 9 位数字值方式读出温度；

— 在 1s 内把温度变换为数字；

— 用户可定义的，非易失性的温度告警设置；

— 告警搜索命令识别和寻址温度在编定的极限之外的器件；

— 应用范围包括恒温控制 工业系统消费类产品温度计或任何热敏系统。

· **引脚排列（见图 5-12 及表 5-4）**

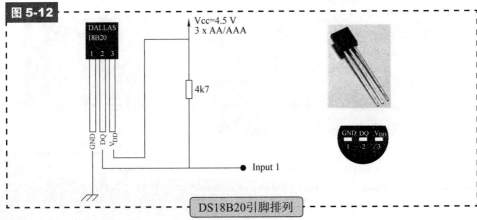

图 5-12

DS18B20引脚排列

表 5-4　DS18B20 引脚说明

引脚	符号	说　　明
1	GND	接地
2	DQ	单线运用的数据输入 / 输出引脚
3	V_{DD}	可选 VDD 引脚

- **与 Arduino 连接**

DS18B20 作为一个 IC 类型的数字传感器，使用它就必须满足它的条件，在数字电路里面，控制芯片的时序就能正常操作芯片。DS18B20 是单总线控制通信，也就是控制信号在一根线上来回传输。单总线（One-Wrie）是 Dallas 公司的一项特有的总线技术，它采用信号线实现数据的双向传输，具有节省 I/O 口资源、结构简单、便于扩展和维护等优点。如图 5-13 所示，以 Arduino 硬件平台为例，介绍硬件接线方式。

图 5-13

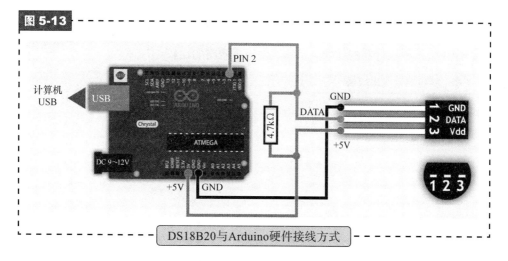

DS18B20与Arduino硬件接线方式

5.2　执行器

5.2.1　执行器基础

执行器（Actuators）是一种将能源转换成机械动能的装置，并可借由执行器来控制驱使物体进行各种预定动作。这类机械能把能量转化为运动，如将电力、空气压力、油压等能量转换为机械的旋转运动、往返运动、摇摆运动等。执行器在一般的控制系统中扮演着一个推动的角色，它从控制器接受命令后，即直接作用于所要控制的对象上，这就像我们人体一样，一切的动作都是由头脑来下达命令，经过神经传导给手脚四肢后，便可产生行为，此处的手脚的功能就像人体的驱动器一般。

在将执行器安装在机械结构上时，要考虑以下几点：

（1）能够达到预计的运动和动作。

（2）易于控制。

（3）能量来源稳定。

（4）需要考虑重量、大小、噪声、污染、耐用性、安全性、可靠性等。

执行器的分类有：

（1）电动型：DC 电动机、AC 电动机、步进电动机、舵机等。

（2）气动型：气缸、气动电机。

（3）油压型：油压缸、油压电机。

（4）其他：形状记忆合金。

为了得到较大输出就倾向于油压型，但是油压型驱动成本高、保养困难等；为了使机件能容易控制，通常都先考虑电动型，但效率不高。见表 5-5，将电动、气动、油压型 3 种执行器的优缺点及特性做一个概略的比较。

表 5-5　执行器性能比较表

	电动型	气动型	油压型
力／质量比	★	★★	★★★
力／容积比	★	★★	★★★
感应性	★★	★	★★★
作业速度	★	★★★	★★
控制的容易性	★★★	★	★★
保养性	★★★	★★	★
与电子装置的结合性	★★★	★★	★★
可靠度	★★★	★★	★★
安全性	★	★★★	★★
购买成本	★★	★★★	★
运转成本	★★★	★★	★

注：较佳★★★；中等★★；较差★。

▶▶ 5.2.2　常用执行器

（1）直流电动机（DC Motor）

直流电动机是依靠直流电驱动的电动机，它体积小且输出大，价格便宜，所以在小型的机构上应用非常广泛。

- **直流电动机的结构**

— 电枢：可以绕轴心转动的软铁心缠绕多圈线圈。

— 场磁铁：产生磁场的强力永久磁铁或电磁铁。

— 集电环：线圈的两端接至两片半圆形的集电环，随线圈转动，可供改变电流方向的变向器。每转动半圈（180°），线圈上的电流方向就改变一次。

— 电刷：通常使用碳制成，集电环接触固定位置的电刷，用以接至电源。

- **直流电动机的原理（见图 5-14）**

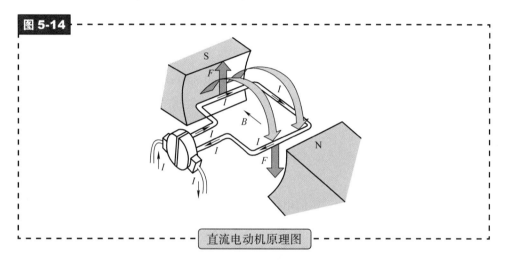

图 5-14

直流电动机原理图

— 当线圈通电后，转子周围产生磁场，转子的左侧被推离左侧的磁铁，并被吸引到右侧，从而产生转动。

— 转子依靠惯性继续转动。

— 当转子运行至水平位置时电流变换器将线圈的电流方向逆转，线圈所产生的磁场亦同时逆转，使这一过程得以重复。

- **直流电动机的特性**

直流电动机的好处为在控速方面比较简单，只需控制电压大小即可控制转速，但此类电动机不宜在高温、易燃等环境下操作，而且由于电动机中需要以碳刷作为电流变换器（Commutator）的部件（有刷电动机），所以需要定期清理炭刷摩擦所产生的污物。无炭刷的电动机称为无刷电动机，相对于有刷，无刷电动机因为少了炭刷与轴的摩擦因此较省电也比较安静。制作难度较高、价格也较高。交流电动机（AC Motor）则可以在高温、易燃等环境下操作，而且不用定期清理炭刷的污物，但在控速上比较困难，因为控制交流电动机转速需要控制交流电的频率（或使用感应电动机，用增加内部阻力的方式，在相同交流电的频率下降低电动机转速），控制其电压只会影响电动机的扭力。一般工业用直流电动机的电压有 DC 110V（125V）和 DC 220V 两种。

直流电动机的端子间的电阻以 r（Ω）、端子间的电压 V（V）、电机中的电流 I（A）、反电动势 E（V）表示时，可表示为

$$V=Ir+E \qquad\qquad (5\text{-}1)$$

此时的电流 I 为

$$I=\frac{V-E}{r} \qquad\qquad (5\text{-}2)$$

如果负载过大，电动机没有回转时，电流 I 为

$$I=\frac{V}{r} \qquad\qquad (5\text{-}3)$$

此时，电流为最大电流，产生最大转矩。电机的转动速度 N 和电流 I 的特性是当转动速度为 0 时，I 最大，转矩 T 也最大。当转动速度 N 增加时，I 减小，转矩 T 也减小。

- **选择方法**

1）电动机性能

— 输出（W）：在施加额定的电压时，电机所产生的最大输出。以输出轴的回转数乘以转矩得到。

— 最大转矩（mN·m）：在施加额定的电压时，电动机输出轴产生的最大回转力。

— 响应（ms）：以电机的机械时间常数来表示，在静止的电机上施加额定电压，无负载时最大回转数达到 63% 回转数使用的时间。

— 效率（%）：相对电流的输出 $P=VI$ 的机械输出比例。

— 大小（mm）：一般而言，不包含输出轴的长度，以电动机的直径和长度来表示。

— 重量（g）：电动机的重量。

— 寿命：电动机在正常情况下能够使用的时间。

2）价格

影响电动机价格的因素有很多，一般来说，因为体积小的电动机设计和制作的工作较多，所以价格也更高。

3）减速装置

小型的直流电动机的转速一般都在每分钟几千到两万转，很多电动机在转速

过高的情况下转矩就会相应地减小，所以要减速使用。一般选用减速器作为减速装置。直接安装在电动机输出轴的凸面上。因为其制作精细、减速比变化丰富、减速不会减少传输功率、易于安装等特点，而受到广泛的应用。

4）编码器

在电动机上直接安装编码器可以让电动机以一定的转动方式转动，来控制转速，也可以让它在一定的时间内进行加速和减速。

- **电动机驱动器**

电动机驱动器使用电动机驱动芯片等，可以根据信号实现电动机正转、反转、制动等动作。使得电动机控制变得简单高效。在使用电动机驱动器进行控制时使用 PWM 波。将 PWM 波输入到电动机驱动器中，电动机就可以按照给定的方式转动，同时通过改变 PWM 波占空比可以调节电机的转速。

无刷直流电动机封装如图 5-15 所示，实物图如图 5-16 所示。

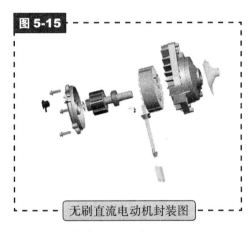

图 5-15

无刷直流电动机封装图

图 5-16

直流电动机实物图

（2）步进电动机（Stepper motor）

步进电动机是将电脉冲信号转变为角位移或者线位移的开环控制电动机，应用非常广泛。在没有超载的情况下，电动机的转速、停止位置只取决于脉冲信号的频率和脉冲数，而不受负载变化的影响，当步进电动机驱动器接收到一个脉冲信号，它就驱动步进电动机按照设定的方向转动一个固定的角度。它的旋转是以固定的角度一步一步运行的，可以通过控制脉冲个数来控制角位移量，从而达到准确定位的目的。同时通过控制脉冲频率来控制电动机转动的速度和加速度，从而达到调速的目的。

- **步进电动机的基本构成**（见图 5-17）

— 控制器：发出运转指令，传送需求速度以及运转量的指令脉冲信号。需使用步进电动机专用控制器或可编程序控制器的定位模组。传送的运转指令脉冲信号有如心脏跳动般的呈现矩形的波形，是间断性的发出信号。

— 驱动器：提供电力以保证电动机按指令运转，驱动器会随控制器传送来的脉冲信号来控制电力，由决定的电流流通顺序的来激磁回路，并控制提供给电动机的电力以驱动回路。

— 电动机本体：将电力转化为动力，并按指令需求脉冲数运转。

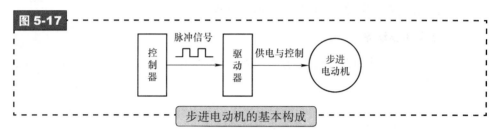

图 5-17

步进电动机的基本构成

- **步进电动机的特性**

— 步进电动机使用数字信号控制，所以很容易使用单片机或者计算机控制。

— 在没有反馈信息的情况下也可以开环控制，回路和控制系统组成简单。

— 不会有累积误差。

— 静止时可以保持转矩。

— 因为没有电刷等装置，所示寿命较长。

- **选择方法**

1）步距角

步进电动机的步距角就是依电动机旋转一圈（360°）而分割成多少来决定。电动机的步距角取决于对负载精度的要求，将负载的最小分辨率换算到电动机轴上，每个当量的电动机应该走多少角度。电动机的步距角应小于或者等于这个角度。市场上的步进电动机步距角根据相数不同而不同。其中 2 相和 4 相电动机的步距角为 0.9/1.8°，3 相电动机的步距角为 1.5/3°，5 相电动机的步距角为 0.36/0.72°。图 5-18 所示为步距角构造。

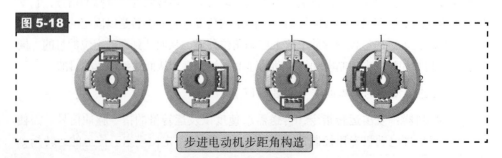

图 5-18

步进电动机步距角构造

2）静力矩

步进电动机的动力矩很难确定，所以一般来说我们确定电动机的静力矩。静力矩选择的依据是电动机工作的负载。一般情况下，静力矩应该是摩擦负载的 2~3 倍。

3）电流

静力矩一样的电动机，由于电流参数不同，运行的特性差别很大，可以依据频特性曲线图，判断电动机的电流。

- **驱动方法**

步进电动机不能直接接到电源上工作，必须使用专用的步进电动机驱动器，由脉冲发生控制单元、功率驱动单元、保护单元等组成。驱动单元与步进电动机直接耦合，可以理解成步进电动机微机控制器的功率接口。

步进电动机驱动器把控制系统发出的脉冲信号转化成步进电动机的角位移，控制系统每发一个脉冲信号，通过驱动器就使步进电动机旋转一个步距角。也就是说步进电动机的转速与脉冲信号的频率成正比。所以通过控制步进电动机输入脉冲信号的频率，就可以对电动机精确调速，控制脉冲的个数，对电动机精确定位。应当以实际的功率要求合理选择驱动器。步进电动机的实物如图 5-19 所示。

图 5-19

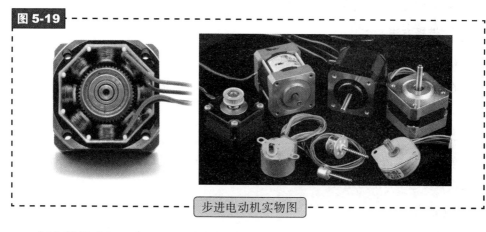

步进电动机实物图

（3）舵机（Servo）

如图 5-20 所示，舵机由直流电动机、减速齿轮组、传感器和控制电路组成，是一套自动控制装置，通过发送信号，指定输出轴旋转角度，通常用于控制物体转动的角度。舵机一般而言都有最大旋转角度。与普通直流电动机的区别在于：直流电动机是 360° 转动的，舵机只能在一定角度内转动，不能 360° 转；普通直流电动机无法获得角度的反馈信息，而舵机可以。

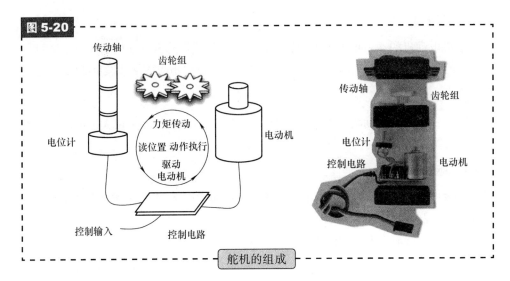

图 5-20

舵机的组成

- **舵机的特点**

— 舵机可以根据指令旋转到角度范围内的任意角度然后精准地停下来。

— 接线简单，只需要一根信号线即可控制。

— 具有反馈量，能使角度保持恒定。

- **选择方法**

1）形状和大小

在不同的应用中，舵机所需要的形状和大小不同。根据自己的需要选择形状和大小合适的舵机。

2）扭力

舵机的扭力指在摆臂长度 1cm 处，能吊起几千克重的物体。摆臂长度与扭力成反比，长度越小，扭力越大。

3）速度

速度的单位是 s/60°，表示舵机转动 60° 时所需要的时间。

- **驱动方法（以 180° 舵机为例）**

控制电路板接受来自信号线的控制信号，控制电动机转动，电动机带动一系列齿轮组，减速后传动至输出舵盘。舵机的输出轴和位置反馈电位计是相连的，舵盘转动的同时，带动位置反馈电位计，电位计将输出一个电压信号到控制电路板，进行反馈，然后控制电路板根据所在位置决定电动机转动的方向和速度，从而达到目标停止。其工作流程为：控制信号→控制电路板→电动机转动→齿轮组减速→舵盘转动→位置反馈电位计→控制电路板反馈。

舵机的控制信号周期为 20ms 的脉宽调制（PWM）信号，其中脉冲宽度从 0.5~2.5ms，相对应的舵盘位置为 0~180°，呈线性变化。也就是说，给它提供一定的脉宽，它的输出轴就会保持一定对应角度上，无论外界转矩怎么改变，直到给它提供一个另外宽度的脉冲信号，它才会改变输出角度到新的对应位置上。舵机内部有一个基准电路，产生周期为 20ms，宽度 1.5ms 的基准信号，有一个比出较器，将外加信号与基准信号相比较，判断出方向和大小，从而生产电动机的转动信号。由此可见，舵机是一种位置伺服驱动器，转动范围不能超过 180°，适用于那些需要不断变化并可以保持的驱动器中，比如说机器人的关节、飞机的舵面等。

图 5-21 所示为某舵机输出轴转角变化，图 5-22 所示为舵机实物图。

图 5-21

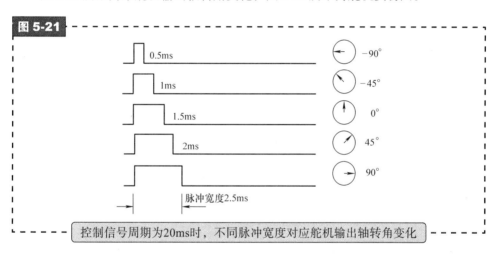

控制信号周期为20ms时，不同脉冲宽度对应舵机输出轴转角变化

图 5-22

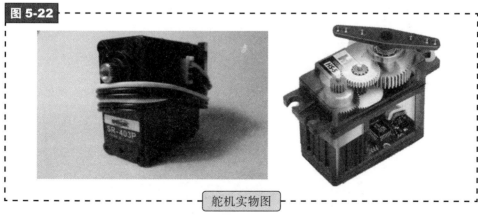

舵机实物图

思考题

1. 传感器的定义是什么？如何分类？

2. 试分析传感器在各领域里的应用。

3. 简述无线传感器网络节点的硬件组成。

4. 结合项目需求，详细描述某一传感器的工作原理、特性参数、引脚排列等。

5. 执行器的定义是什么？如何分类？

6. 结合项目需求，详细描述某一执行器的工作原理、基本构成、特性参数等。

第 6 章
无线通信技术

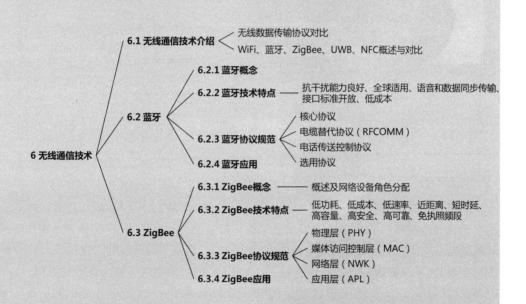

6 无线通信技术

- **6.1 无线通信技术介绍**
  - 无线数据传输协议对比
  - WiFi、蓝牙、ZigBee、UWB、NFC概述与对比

- **6.2 蓝牙**
  - **6.2.1 蓝牙概念**
  - **6.2.2 蓝牙技术特点** —— 抗干扰能力良好、全球适用、语音和数据同步传输、接口标准开放、低成本
  - **6.2.3 蓝牙协议规范**
    - 核心协议
    - 电缆替代协议（RFCOMM）
    - 电话传送控制协议
    - 选用协议
  - **6.2.4 蓝牙应用**

- **6.3 ZigBee**
  - **6.3.1 ZigBee概念** —— 概述及网络设备角色分配
  - **6.3.2 ZigBee技术特点** —— 低功耗、低成本、低速率、近距离、短时延、高容量、高安全、高可靠、免执照频段
  - **6.3.3 ZigBee协议规范**
    - 物理层（PHY）
    - 媒体访问控制层（MAC）
    - 网络层（NWK）
    - 应用层（APL）
  - **6.3.4 ZigBee应用**

6.1 无线通信技术介绍

目前使用较广泛的无线通信技术，包括蓝牙（Bluetooth）、ZigBee、WiFi、短距通信（NFC）、超宽带（Ultra Wide Band，UWB）等。不同的协议对应不同的应用领域。例如 WiFi 主要用于大数据传输，因为 WiFi 传输速度高、距离远，所以比其他的无线技术更耗电，故不太适合用于以电池供电的设备中，否则需要随时充电。ZigBee 主要用于短距离无线网络控制系统，传输少量控制信息等。因此，在选择网络协议时，要根据不同的应用来选择。从图 6-1 中可以看到不同的无线通信技术在数据传输速率和传输距离上各有适用范围。

图 6-1

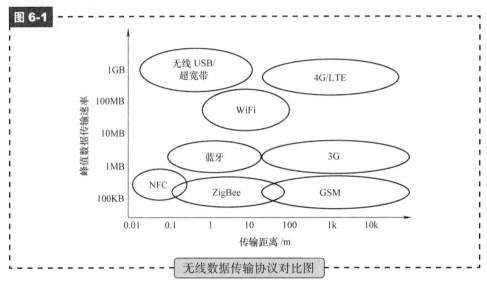

无线数据传输协议对比图

（1）WiFi

归属于无线局域网（Wireless Local Area Networks，WLAN）的 WiFi 技术，适用于构建无线网络，尤其是无法架设电缆的户外空间。通常使用 2.4GHz 或 5GHz 射频频段。连接到无线局域网通常是有密码保护的；但也可是开放的，这样就允许任何在 WLAN 范围内的设备可以连接上。WiFi 是一个无线网络通信技术的品牌，由 WiFi 联盟所持有。目的是改善基于 IEEE 802.11 标准的无线网路产品之间的互通性。有人把使用 IEEE 802.11 系列协议的局域网就称为无线保真。

WiFi 的网路架构，是以一个存取点（Access Point，AP）为中心，周围最多只能同时连接 32 个节点（设备），而这种架构即是属于网路拓扑结构中的星状结构。

（2）蓝牙

蓝牙（Bluetooth）是一种无线个人区域网路（Personal Area Network，PAN）通

信技术，适用于短距离无线传输，具有高抗干扰能力、高安全性、易配对等特点。蓝牙是一种无线数据与语言通信的开放性全球规范，实质是为固定设备或移动设备之间的通信环境建立通用的近距离无线接口，将通信技术与计算机技术进一步结合，使各设备在没有电线或者线缆连接的情况下，能够在近距离范围内实现相互通信或操作。有了蓝牙接口能够实现无线移动电话、计算机、数码相机、打印机、传真机等无线连接。蓝牙、WiFi、ZigBee 都使用 2.4GHz 频段，信号容易互相干扰，但因为蓝牙有自动调频模式，可以将 2.4GHz 频段划分成 79 个频道，并以每秒 1600 次的频率转换频道，有效避免了干扰问题。

蓝牙也是采用星状网路结构，但网路内的设备是主从式（Master and Slave）关系，亦即一个主装置（Master）最多可以同时连接七个从属装置（Slave）。主动要求连线的为 Master，而被要求连线者为 Slave。一个蓝牙装置可以是 Master 或 Slave，规定是先提出连线要求者就是 Master。传统蓝牙限制同一个网路上节点数量（8 个），在扩展性上比 WiFi 差一些。但已有厂家针对 Bluetooth Smart 所开发的网状结构，可以让蓝牙节点数提升到 65000 个，这将在智慧家庭市场中对 ZigBee 技术带来极大的竞争威胁。

图 6-2 所示为星状和网状结构。

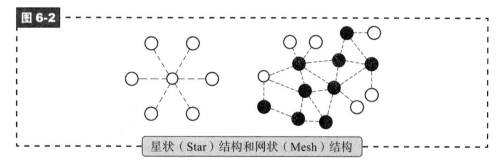

图 6-2

星状（Star）结构和网状（Mesh）结构

（3）ZigBee

ZigBee 与蓝牙同样被归属在个人区域网路（PAN）的架构下，采用的是 IEEE 802.15.4 标准，具有极低耗电、双向传输等特点。当有资料传送需求时则立即传送，并进行双向确认，因此大幅提高资讯传输的可靠度。主要用于短距离、低功耗且传输速率不高的电子设备之间进行数据传输以及典型的有周期性数据、间歇性数据和低反映时间数据传输的应用。ZigBee 是部署无线传感器网络的新技术。与蓝牙相比，ZigBee 更简单、速率更慢、功耗及费用也更低。它可以与 254 个节点联网，比蓝牙更好地支持游戏、消费电子、仪器和家庭自动化应用。

ZigBee 另一特色是组网能力，不同于 WiFi 和蓝牙的网路架构，ZigBee 是采用网状（Mesh）结构，组网节点可以任意分布在犹如蜘蛛网般的网状网络上。因为 ZigBee

采用 16 位网络地址或 64 位 MAC 地址，所以理论上节点数目可以多达 65000 个。

（4）UWB

UWB（Ultra Wideband）是一种无载波通信技术，利用纳秒至微微秒级的非正弦波窄脉冲传输数据。UWB 技术具有系统复杂度低、发射信号功率谱密度低、对信道衰弱不敏感、低截获能力、定位精准度高等优点，尤其适合于室内等密集多径场地的高速无线接入，非常适于建立一个高效的无线局域网或无线个域网。UWB 主要应用在小范围，高分辨率，能够穿透墙体、地面和身体的雷达和图像系统中，如高保真视频、无线硬盘等。

（5）NFC

近场通信（Near Field Communication，NFC）是一种短距高频的无线电技术，是由非接触式射频识别（RFID）及互联互通技术整合演变而来，在单一芯片上结合感应式读卡器、感应式卡片和点对点的功能，能在短距离内与兼容设备进行识别和数据交换。工作频率为 13.56MHz，运行于 10cm 距离内，其传输速度有 106kbit/s、212kbit/s 或 424kbit/s 三种。目前近场通信已通过成为 ISO/IEC IS 18092 国际标准、ECMA-340 标准与 ETSI TS 102 190 标准。NFC 采用主动和被动两种读取模式。NFC 技术能快速自动地建立无线网络，为蜂窝设备、蓝牙设备、WiFi 设备提供了一个"虚拟连接"，使电子设备可以在短距离范围内进行通信。NFC 的短距离交互大大简化了整个认证识别过程，使得电子设备之间相互访问更加直接、更安全、更清楚。美国专利商标局公布了苹果一项名为"在移动支付过程中调节 NFC 的方法"专利申请。专利文件中详细描述了苹果 Apple Pay 功能。苹果公司依靠 NFC 技术（如植入 iPhone6 和 6Plus 中的零部件），用户设备能够监测到商户 POS 机终端周围所形成的磁场。在准确验证完手机和 POS 终端后，系统会使用不同编码来"转移"用户凭据和支付数据。商户支付处理器通过连接某个支付网络来验证用户凭据，最后完成交易。

无线通信技术对比见表 6-1。

表 6-1　无线通信技术对比

名称	WiFi	蓝牙	ZigBee	UWB	NFC
传输速度	11~54Mbit/s	1Mbit/s	100kbit/s	53~480Mbit/s	424kbit/s
通信距离（直径）/m	20~200	20~200	2~20	0.2~40	20
频段 /GHz	2.4	2.4	2.4	3.1~10.6	13.56
安全性	低	高	中	高	极高
功耗 /mA	10~50	20	5	10~50	10
成本 / 美元	25	2~5	5	20	2.5~4
主要应用	无线上网	无线手持设备	无线传感器网络	高保真视频	近场通信

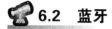 **6.2 蓝牙**

▶▶ 6.2.1 蓝牙概念

在移动通信和计算机网络高速发展的大环境下，为了解决移动设备的短程互联，蓝牙技术联盟（SIG）提出蓝牙技术。作为全球性的数字通信和无线数据标准，蓝牙技术具有低成本、强公开性等优势。它使用短距离无线连接技术，为无线通信环境建立接入点以代替数字设备和计算机外设电缆，从而实现数字设备之间的无线网络连接，使移动便携设备在蓝牙定义的工作范围内实现资源无缝共享的目的。

自从蓝牙技术联盟（SIG）1998 年提出蓝牙协议以来，蓝牙协议与技术就开始了飞速的发展。1998 年提出的蓝牙 V1.1 版本规范中，蓝牙的传输率只有748~810kbit/s，而且通信质量十分不稳定，非常容易受到干扰。随后推出的蓝牙V1.2 版本使用了可调式跳频技术并全面改进了蓝牙协议与无线局域网之间的相互干扰问题，提高并保证了蓝牙通信的质量及稳定性。2004 年，又提出蓝牙 V2.0 版本规范。该版本中，蓝牙的传输速率提高到了 1.8~2.1Mbit/s，同时实现了双工的工作方式，即在语音通信的同时亦可实现传输文本或图片的功能。之后的 V2.1 版本针对之前标准遗留下来的诸如功耗比较大，配置过程复杂等问题做出了修正，如通过改善配对流程并引入 Sniff Subrating 机制等手段很大程度上降低了设备功耗。在蓝牙开启状态下，蓝牙设备的待机时间可以延长 5 倍以上。2009 年，蓝牙技术联盟又颁布了蓝牙 V3.0 规范版本，核心技术为通用交替射频"MAC/PHY"技术，蓝牙协议栈通过该技术可选择任何动态任务的正确射频。此外，蓝牙 V3.0 规范版本的数据传输率为 2.0 版本的 8 倍，达到了约 24Mbit/s 的速度，实现了真正意义上的高速传输。也正因为传输速率提高以及传送数据量增加，使得蓝牙 3.0 相对于 2.0 版本来讲更加耗电。

基于上述的问题，以低功耗为核心的蓝牙 4.0 技术规范在 2010 年应运而生。蓝牙 4.0 版的重点则是在低功耗（Low Energy，LE），该技术最大特点是拥有超低的运行功耗和待机功耗，蓝牙低功耗设备使用一粒纽扣电池甚至可以连续工作数年之久。蓝牙 4.0 版本的传输速度分为正常规格的 3Mbit/s 及高速规格的 24Mbit/s，传输距离延长到 60~100m，并改善因高速传输而导致的高功耗问题。蓝牙 4.0 版本涵盖了 3 种蓝牙技术，即传统蓝牙、高速蓝牙和低功耗蓝牙技术。同时也分为 3 种标志，即 Bluetooth Smart Ready、Bluetooth Smart 与标准蓝牙等 3 种规格，Bluetooth Smart Ready 适用于任何双模蓝牙 4.0 的电子产品，如 iPhone 4S。而 Bluetooth Smart 则是应用在如心率监控器或计步器等使用扭扣式电池并传输单一信息的健康医疗及智慧家庭应用。Smart Ready 的兼容性会最高，可与 Smart 及标准蓝牙相通。标准蓝牙则无法与 Smart 相通。

2016 年 6 月，蓝牙技术联盟正式发布蓝牙 5.0 标准，在有效传输距离上将是 4.2LE 版本的 4 倍（理论上可达 300m），传输速度将是 4.2LE 版本的 2 倍（速度上限为 24Mbit/s）。蓝牙 5.0 还支持室内定位导航功能（结合 WiFi 可以实现精度小于 1m 的室内定位），允许无须配对接受信标的数据（比如广告、Beacon、位置信息等，传输率提高了 8 倍），针对物联网进行了很多底层优化。

图 6-3

蓝牙LOGO

图 6-3 所示为蓝牙 LOGO。

▶▶ 6.2.2 蓝牙技术特点

蓝牙由于成本低、功率低、体积小等特点，已经在数字设备，特别是移动便携设备中得到了越来越广泛的应用。现将其特点归纳如下：

（1）抗干扰能力良好

跳频技术为蓝牙提供了良好的抗干扰能力，能有效抵抗诸如 WiFi、WLAN 等同样工作于 ISM 频段设备的干扰。跳频技术将 ISM 频段分成间隔为 1MHz 的 79 个频点，按伪随机方式排列且变化频率为 1600 次 /s。蓝牙设备工作时在一个频点发送数据后，会随机跳到另外一个频点进行同样的行为，最大程度降低了外界干扰。

（2）全球适用

蓝牙使用在大多数国家不需要申请的 ISM 频段（2.4~2.4835GHz）作为工作频段。ISM 频段的开放性为蓝牙的发展提供了极大的便利以及优越的条件。

（3）语音和数据同步传输

分组及电路交换技术的使用，让蓝牙具备了支持语音信道和异步数据信道的能力，从而实现语音和数据同时传输的功能。

（4）接口标准开放

为了促进蓝牙的发展，蓝牙技术联盟公开了蓝牙所有的技术标准，这使得任何人都可以开发蓝牙产品。只要能通过蓝牙技术联盟的兼容性测试，就可向市场推出自己开发的蓝牙产品。

（5）低成本

日益扩大的市场需要让供应商看到无限商机，近年来不断推出新的蓝牙模块以及蓝牙芯片，使得该类产品的价格飞速下降，开发成本大幅度降低。

▶▶ 6.2.3　蓝牙协议规范

蓝牙协议规范的目标是允许遵循规范的应用能够进行相互间操作。蓝牙 SIG（Special Intersted Group）规范的完整蓝牙协议栈如图 6-4 所示。

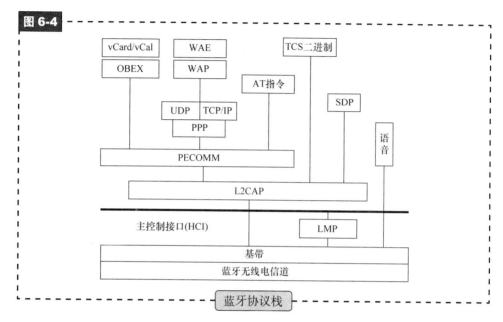

图 6-4 蓝牙协议栈

蓝牙协议体系中的协议按 SIG 的关注程度分为 4 层：

- 核心协议：BaseBand、LMP、L2CAP、SDP；

- 电缆替代协议：RFCOMM；

- 电话传送控制协议：TCS-Binary、AT 指令集；

- 选用协议：PPP、UDP/TCP/IP、OBEX、WAP、vCard、vCal、IrMC、WAE。

（1）核心协议

基带协议（Baseband）：确保各个蓝牙设备之间的射频连接，以形成微微网络。

链路管理协议（LMP）：负责各蓝牙设备之间连接的建立。通过连接的发起、交换、核实，进行身份认证和加密，通过协商确定基带数据分组大小。它还控制无线设备的电源模式和工作周期，以及微微网内设备单元的连接状态。

逻辑链路控制和适配协议（L2CAP）：是基带的上层协议，可以认为 L2CAP 与 LMP 并行工作。L2CAP 与 LMP 的区别在于当业务数据不经过 LMP 时，L2CAP 为上层提供服务。虽然基带协议提供了 SCO 和 ACL 两种连接类型，但 L2CAP 只支持 ACL。

服务发现协议（SDP）：用来实现蓝牙设备之间相互查询并且能够访问对方提供的服务。SDP 在蓝牙技术框架中起着至关紧要的作用，它是所有用户模式的基础。使用 SDP 可以查询到设备信息和服务类型，从而在蓝牙设备间建立相应的连接。

（2）电缆替代协议（RFCOMM）

基于欧洲电信标准化协会（ETSI）的 TS07.10 标准制订了串口仿真协议（RFCOMM），该协议用于模拟串口工作环境，使得基于串口的传统应用不做任何修改或者仅做少量的修改就可以直接运行在该协议层上，用于实现数据的转换。它在蓝牙基带协议上仿真 RS-232 控制和数据信号，为使用串行线传送机制的上层协议（如 OBEX）提供服务。

（3）电话传送控制协议

二元电话控制协议（TCS-Binary 或 TCSBIN）：面向比特的协议，它定义了蓝牙设备间建立语音和数据呼叫的控制信令，定义了处理蓝牙 TCS 设备群的移动管理进程。基于 ITU TQ.931 建议的 TCSBinary 被指定为蓝牙的二元电话控制协议规范。

AT 指令集电话控制协议：SIG 定义了控制多用户模式下移动电话和调制解调器的 AT 命令集，该 AT 命令集基于 ITU TV.250 建议和 GSM07.07，它还可以用于传真业务。

（4）选用协议

点对点协议（PPP）：位于 RFCOMM 上层，完成点对点的连接。

用户数据报 / 传输控制协议 / 互联网协议（UDP 和 TCP/IP）：该协议是由互联网工程任务组制定，广泛应用于互联网通信的协议。在蓝牙设备中，使用这些协议是为了与互联网相连接的设备进行通信。

目标交换协议（OBEX）：IrOBEX（简写为 OBEX）是由红外数据协会（IrDA）制定的会话层协议，它采用简单的和自发的方式交换目标。OBEX 是一种类似于 HTTP 的协议，它假设传输层是可靠的，采用客户机 / 服务器模式，独立于传输机制和传输应用程序接口（API）。

电子名片交换格式（vCard）、电子日历及日程交换格式（vCal）：开放性规范，没有定义传输机制，只定义了数据传输格式。SIG 采用 vCard/vCal 规范，是为了进一步促进个人信息交换。

无线应用协议（WAP）：该协议是由无线应用协议论坛制定的，它融合了各种广域无线网络技术，其目的是将互联网内容和电话传送的业务传送到数字蜂窝电话和其他无线终端上。

除了以上协议层外，蓝牙协议栈中还应包括两个接口：一个是主机控制接口（HCI），用来为基带控制器、链路控制器以及访问硬件状态和控制寄存器等提供了命令接口；另一个是与基带处理部分直接相连的音频接口，用以传递音频数据。

▶▶ 6.2.4　蓝牙应用

蓝牙 4.0 的推出使蓝牙技术凭借低功耗特性进入物联网和医疗等应用，而且因智能手机中的高占有率，以手机为核心的物联网应用中更具优势。蓝牙耳机、智能手环、跟随旅行箱等基于蓝牙技术的智能产品已经越来越广泛并被普遍使用。

2016 年 9 月，苹果公司推出 Apple AirPods 耳机（见图 6-5），耳机内置了两个麦克风、红外传感器、语音加速度计和运动加速度计，续航 5h。耳机采用蓝牙技术，同时加入了全新研发的 W1 芯片，用户只要将 AirPods 从充电盒中取出便可以立刻启动并连接至 iPhone、AppleWatch、iPad 或 Mac。

图 6-5

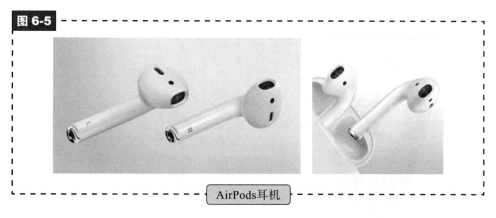

AirPods耳机

通过蓝牙设备与手机的链接应用还有许多，比如蓝牙防丢器。TrackR Bravo 智能防丢器（见图 6-6）厚度仅为 3.5mm，直径为 34mm，与硬币大小相似。虽然 TrackR bravo 的检测范围只有 33m，但它所在的 Crowd GPS 自建社区网络可以帮助追回设备，一旦使用 TrackR 的用户走进其他用户所丢失物品的范围，失主就会收到一条提醒信息。

除便携性蓝牙智能硬件外，移动医疗设备市场也受益于蓝牙 4.0 低功耗技术。在医疗领域，可以借助蓝牙 4.0BLE 技术，准确、有效地监测病人的血压、体温等信息。将传感器与蓝牙设备连接，蓝牙设备即可定期将病人的健康数据发送到服务器上。个体使用的蓝牙健康设备如小米手环，2016 年 6 月，小米公司发布的小米手环 2（见图 6-7）更改腕带材料、增加显示屏外，依然支持运动计步、睡眠监测、久坐提醒、心率监测（可实时监测）、来电提醒、屏幕解锁（Android 系统）、振动闹钟和免密支付等功能。实时健康数据可以通过蓝牙传输到手机 APP 上显示，也可以在新增的显示屏上显示。

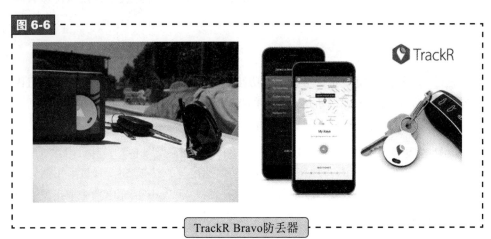

图 6-6

TrackR Bravo防丢器

图 6-7

小米手环2及小米运动APP

6.3 ZigBee

▶▶ 6.3.1 ZigBee 概念

ZigBee 是一种基于 IEEE802.15.4 标准的低速短距离传输无线网络协议，主要特色有低速、低耗电、低成本、支持大量网络节点、支持多种网络拓扑、低复杂度、快速、可靠、安全。ZigBee（又称紫蜂协议）来源于蜜蜂的八字舞，由于蜜蜂（bee）是靠飞翔和"嗡嗡"（zig）地抖动翅膀的"舞蹈"来与同伴传递花粉所在方位信息，也就是说蜜蜂依靠这样的方式构成了群体中的通信网络。虽然 ZigBee 协议工作在 20~250kbit/s 较低速率上，但足以应对智能家居的低速传输需求。与蓝牙的点对点传输方式相比，ZigBee 协议的优势在于自组网能力，最多支持 65000 个设备组网。同时 ZigBee 协议还有一个宝贵的优点就是它的安全性很高。

图 6-8 所示为 ZigBee LOGO。

图 6-8

ZigBee LOGO

ZigBee 协议是由 ZigBee 联盟制定的无线通信标准，该联盟成立于 2001 年 8 月。2002 年下半年，英国 Invensys 公司、日本三菱电气公司、美国摩托罗拉公司以及荷兰飞利浦半导体公司共同宣布加入 ZigBee 联盟，研发名为"ZigBee"的下一代无线通信标准，这一事件成为该技术发展过程中的里程碑。ZigBee 联盟现有的理事公司包括 BM Group、Ember 公司、飞思卡尔半导体、Honeywell、三菱电机、摩托罗拉、飞利浦、三星电子、西门子及德州仪器。ZigBee 联盟的目的是为了在全球统一标准上实现简单可靠、价格低廉、功耗低、无线连接的监测和控制产品进行合作，并于 2004 年 12 月发布了第一个正式标准。

ZigBee 数据传输模型类似于移动网络基站。通信距离从标准的 75m 到几百米、几千米，甚至支持网络扩展。ZigBee 是一个由可多到 65000 个无线数据传输模块组成的无线数传网络平台，在整个网络范围内，每一个 ZigBee 网络数据传输模块之间都可以相互通信。它采用数据帧的概念，每个无线帧包括了大量无线包装，包含了大量时间、地址、命令和同步等信息，真正的数据信息只占很少部分，而这正是 ZigBee 可以实现网络组织管理，实现高可靠传输的关键。同时，ZigBee 采用了 MAC 技术和 DSSS（直扩序列调制）技术，能够实现高可靠、大规模网络传输。

ZigBee 定义了两种物理设备类型全功能设备（Full Function Device，FFD）和精简功能设备（Reduced Function Device，RFD）。一般来说，FFD 支持任何拓扑结构，可以充当网络协调器，能和任何设备通信；RFD 通常只用于星形网络拓扑结构，不能完成网络协调器功能，且只能与 FFD 通信，两个 RFD 之间不能通信；但它们的内部电路比 FFD 少，实现相对简单也便于节能。

在交换数据网络中，ZigBee 网络设备的角色可分为协调器（ZigBee Coordinator）、路由器（ZigBee Router）和终端节点（ZigBee End Device）3 种。如图 6-9 所示，一个 ZigBee 网络由一个协调器节点、若干个路由器和一些终端设备节点构成。设备类型并不会限制运行在特定设备上的应用类型。

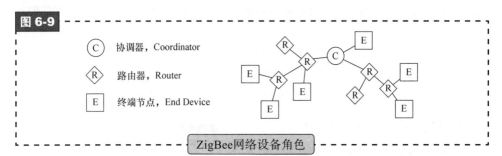

图 6-9

C 协调器，Coordinator

R 路由器，Router

E 终端节点，End Device

ZigBee网络设备角色

协调器：用于初始化一个 ZigBee 网络，它是网络中的第一个设备。协调器节点选择一个信道和一个网络标志符（也叫 PAN ID），然后启动一个网络。协调器节点也可以用来在网路中设定安全措施和应用层绑定。协调器的角色主要是启动并设置一个网络，一旦工作完成，协调器便以一个路由器节点的角色运行。由于 ZigBee 网络的分布式特点，网络的后续运行不需要依赖协调器的存在。协调器必须常电供电，不能进入睡眠模式。

路由器：允许其他设备加入到网络中，多跳路由，协助用电池供电的终端子设备的通信。通常情况下，路由器一直要处于工作状态，因此必须常电供电，不能进入睡眠模式。路由器需要存储去往子设备的信息，直到其子节点醒来并请求数据。当一个子设备要发送一个信息，子设备需要将数据发送给它的父路由节点。这时，路由器就要负责发送数据，执行任何相关的重发，如果有必要还要等待确认。这样，自由节点就可以继续回到睡眠状态。有必要认识到的是，路由器是允许成为网络流量的发送方或者是接收方。由于这种要求，路由器必须不断准备来转发数据，它们通常要用干线供电，而不是使用电池。如有某一工程不需要电池来给设备供电，那么可以将所有的终端设备作为路由器来使用。

终端设备：没有维持网络基础结构的特定责任，所以它可以自己选择是休眠还是激活。终端设备仅在向它们的父节点收或者发送数据时才会激活。因此，终端设备可由电池供电，可以进入睡眠模式。

ZigBee 网络层支持 3 种网络拓扑结构：星形、树形和网状。其中树形结构和网状结构都属于点对点的拓扑结构。在实际工业现场，预先确定的传输路径随时都有可能发生变化，或者因为其他原因终断传输，或因繁忙而不能及时送达。动态路由结合网状拓扑结构，就可以很好地解决这个问题，而保证数据传输的可靠性。ZigBee 具备大规模的组网能力，每个网络 65000 个节点，而蓝牙为每个网络 8 个节点。因 ZigBee 底层采用直扩技术，如果采用非信标模式，网络可以扩展得很大，因为不需同步，而且节点加入网络和重新加入网络的过程很快，一般可以做到 1s 以内，甚至更快。而蓝牙则通常需要 3s。

在 802.15.4 标准中指定了两个物理频段和直接序列扩频（DSSS）物理层频段：868/915MHz 和 2.4GHz。在这 3 个频段上定义了 27 个信道，对 3 个频段的使用说明如下：

- 868MHz 为欧洲频段，在此频段附近定义了 1 个信道，信道间隔为 0.6MHz，具有 20Kbit/s 的传输速率。

- 915MHz 为北美频段，在此频段附近定义了 10 个信道，信道间隔为 2MHz，具有 40Kbit/s 的传输速率。

- 2.4GHz 为世界公用频段，在此频段附近定义了 16 个信道，信道间隔为 5MHz，具有 250Kbit/s 的传输速率。

▶▶ 6.3.2　ZigBee 技术特点

ZigBee 网络主要是为工业现场自动化控制数据传输而建立。因而，它必须具有简单、使用方便、工作可靠、价格低的特点。每个 ZigBee "基站" 不到 1000 元人民币。每个 ZigBee 网络节点不仅本身可以作为监控对象，例如其所连接的传感器直接进行数据采集和监控，还可以自动中转别的网络节点传过来的数据资料。除此之外，每一个 ZigBee 网络节点（FFD）还可在自己信号覆盖的范围内，和多个不成单网络的孤立子节点（RFD）无线连接。

（1）低功耗

由于 ZigBee 传输速率低，发射功率仅为 1mW，而且采用休眠模式，因此 ZigBee 设备非常省电。据估算，2 节 5 号干电池可支持 1 个节点工作 6~24 个月或更长。这是 ZigBee 的突出优势。相比较，蓝牙能工作数周，而 WiFi 仅可工作数小时。

（2）低成本

通过大幅简化协议（不到蓝牙的 1/10），降低对通信控制器的要求。预测分析，以 8051 的 8 位微控制器测算，全功能主节点需 32KB 代码，子功能节点仅需 4KB 代码。同时 ZigBee 模块已经降到 1.5~2.5 美元，并且 ZigBee 协议是免专利费的。低成本对于 ZigBee 的推广也是关键的因素。

（3）低速率

ZigBee 工作在 20~250kbit/s 的较低速率，分别提供 250kbit/s（2.4GHz）、40kbit/s（915MHz）和 20kbit/s（868MHz）的原始数据吞吐率，满足低速率传输数据的应用需求。

（4）近距离

传输范围一般介于 10~l00m 之间，在增加 RF 发射功率后，亦可增加到 1~3km，这指的是相邻节点间的距离。如果通过路由和节点间通信的接力，传输距离将可以更远。

（5）短时延

通信时延和从休眠状态激活的实验都非常短。典型的搜索设备时延为 30ms，休眠激活时延为 15ms，活动设备信道接入时延为 15ms。而蓝牙则需要 3~10s、WiFi 需要 3s。因此 ZigBee 技术适用于对时延要求苛刻的无线控制（如工业控制场合等）应用。

（6）高容量

一个星形结构的 ZigBee 网络最多可以容纳 254 个从设备和 1 个主设备，一个区域内可以同时存在最多 100 个 ZigBee 网络。而在网状网络中，一个网络容纳节点的数量理论上可以达到 65536 个节点，并且 ZigBee 网络组成非常灵活，因此 ZigBee 网络一个显著的特点就是网络容量大。

（7）高安全

ZigBee 提供了三级安全模式，包括无安全设定、使用接入控制清单（ACL）防止非法获取数据以及采用高级加密标准（AES128）的对称密码。ZigBee 提供了基于循环冗余校验（Cyclic Redundancy Check，CRC）的数据包完整性检查功能，支持鉴权和认证，采用了 AES-128 的加密算法，各个应用可以灵活确定其安全属性。

（8）高可靠

采取了碰撞避免策略，同时为需要固定带宽的通信业务预留了专用时隙，避开了发送数据的竞争和冲突。MAC 层采用了完全确认的数据传输模式，每个发送的数据包都必须等待接收方的确认信息。如果传输过程中出现问题可以进行重发。

（9）免执照频段

采用直接序列扩频在工业科学医疗（1SM）频段，2.4GHz（全世界）、915MHz（美国）和 868MHz（欧洲）。

▶▶ 6.3.3 ZigBee 协议规范

IEEE802.15.4 协议是 IEEE802.15.4 工作组为低速率无线个人区域网（Wireless Personal Area Network，WPAN）制定的标准，该工作组成立于 2002 年 12 月，致力于定义一种廉价的，固定、便携或移动设备使用的，低复杂度、低成本、低功耗、低速率的无线连接技术，并于 2003 年 12 月通过了第一个 802.15.4 标准。随着无线传感器网络技术的发展，无线传感器网络的标准也得到了快速的发展。802.15.4 标准定义了在个人区域网中通过射频方式在设备间进行互连的方式与协议，该标准使用避免冲突的载波监听多址接入方式作为媒体访问机制，同时支持星形与对等型拓扑结构。

ZigBee 协议建立在 IEEE 802.15.4 的物理层（Physical Layer，PHY）和媒体访问控制层（Medium Access Control Layer，MAC）之上。它实现了网络层（Network Layer，NWK）和应用层（Application Layer，APL）。在应用层内提供了应用支持子层（Application Support Sub-layer，APS ）和 ZigBee 设备对象（ZigBee Device Object，ZDO）。应用层框架（Application Framew，AF）中则加入了用户自定义的应用对象。

（1）物理层（PHY）

根据 IEEE 802.15.4 标准的定义，物理层实现如信道能量检测（Energy Detected）、链路质量指示（Link Quality Indication，LQI）、接收发送数据、空闲信道评估（Clear Channel Assessment，CCA）等。

（2）媒体访问控制层（MAC）

MAC 层完成如下 6 个方面的功能：协调器产生并发送信标帧，普通设备根据协调器的信标帧与协调器同步；支持 PAN 的关联（Association）和取消关联（Disassociation）操作；支持无线信道通信安全；使用 CSMA-CA 机制共享物理信道；支持时隙保障（Guaranteed Time Slot，GTS）机制；为两个对等的 MAC 实体提供可靠的数据链路。

（3）网络层（NWK）

网络层负责完成加入与离开某个网络，将数据包做安全性处理，传送数据包到目标节点，找寻并维护节点间的绕径路线，搜索邻节点，存储相关邻节点信息的功能。ZigBee 协议栈结构如图 6-10 所示。

（4）应用层（APL）

应用层是整个协议结构的最高层，包含应用程序支持子层（APS）、应用程序框架（AF）、ZigBee 设备管控对象（ZDO）与各厂商定义的应用程序对象。

- 应用程序支持子层（APS）：主要负责维护设备绑定表。设备绑定表能够根据设备的服务和需求将两个设备进行匹配。APS 根据设备绑定表能够在被绑定的设备之间进行消息传递，APS 的另一个功能是能够找出在一个设备的个人操作空间（POS）内其他哪些设备正在进行操作。

- 应用程序框架（AF）：运行在 ZigBee 协议栈上的应用程序实际上就是厂商自定义的应用对象，并且遵循规范运行在端点 1~240 上。在 ZigBee 应用中，提供两种标准服务类型：键值对（KVP）或报文（MSG）。

- 设备管控对象（ZDO）：负责定义网络中设备的角色，如协调器或者终端设备，还包括对绑定请求的初始化或者响应，在网络设备之间建立安全联系等。实现这些功能，ZDO 使用 APS 层的应用支持子层管理实体 - 服务接入点（APSDE-SAP）和网络层数据实体服务访问点（NLME-SAP）。

图 6-10

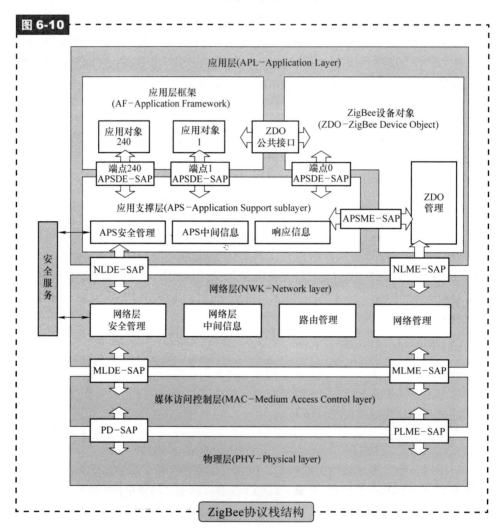

ZigBee协议栈结构

（5）接口描述

- MAC 层与 PHY 层的接口：

  PD-SAP 物理层数据服务访问点；

  PLME-SAP 物理层管理实体服务访问点。

- NWK 层与 MAC 层接口：

MLDE-SAP MAC 层数据实体 SAP；

MLME-SAP MAC 层管理实体 SAP。

- NWK 层提供的接口：

NLDE-SAP 网络层数据实体 SAP，向 APS 层提供的服务接口；

NLME-SAP 网络层管理实体 SAP，向 ZDO 管理面板提供的服务接口。

- APS 层提供的接口：

APSDE-SAP 应用支持子层（APS）数据实体 SAP，向应用层和 ZDO 提供的服务接口；

APSME-SAP 应用支持子层（APS）管理实体 SAP，向 ZDO 管理面板提供的服务接口。

▶▶ 6.3.4　ZigBee 应用

ZigBee 技术的目标就是针对工业、家庭自动化、遥测遥控、汽车自动化、农业自动化和医疗护具等。ZigBee 技术的出现弥补了低成本、低功耗、低速率的无线通信市场空缺。以下场景比较适合采用 Zigbee 技术：

—— 需要进行数据采集和控制的节点较多；

—— 对数据传输的速率要求不高；

—— 设备需要自主供电工作时间比较长且设备体积比较小；

—— 现有移动网络的覆盖盲区；

—— 野外布置网络节点，进行简单的数据传输。

如图 6-11 所示，小米智能家庭套装由多功能网关、人体传感器、门窗传感器和无线开关 4 个产品组成，它们有一个共同的特点就是均支持 ZigBee 协议。套件中除了多功能网关，其他 3 个产品都是靠内置电池供电的，可以持续使用 2 年以上。能达到这么长的续航时间，肯定离不开低功耗的传感器和传输协议。有一个普遍的观点是，凡是可以接入 220V 市电的智能设备，不需要考虑耗电问题，这时通过 WiFi 连接是最好的选择。但对于体积小、安装位置不固定的物联网设备来说，要想获得长久的续航时间，使用 WiFi 自然是不可行的，而且 WiFi 技术在安全性方面也有所欠缺。虽然从蓝牙 4.0 开始引入了低功耗蓝牙（BLE）的技术，但蓝牙也有很明显的短板，连接设备有限（理论上 7 个设备），不能自组网。对于一般的智能单品来说，蓝牙足够好了。但对于构建智能家居生态链来说，蓝牙肯定是不够的。所以对于智能家庭套装来说，ZigBee 协议更适合国内使用的情况。

图 6-11

小米智能家庭套件

如图 6-12 所示，ZigBee 技术可以应用于家庭的照明、温度、安全、控制等。ZigBee 模块可安装在电视、灯泡、遥控器、儿童玩具、游戏机、门禁系统、空调系统和其他家电产品等，例如在灯泡中装置 ZigBee 模块，则人们要开灯，就不需要走到墙壁开关处，直接通过遥控便可开灯。当打开电视机时，灯光会自动减弱；当电话铃响起时或拿起话机准备打电话时，电视机会自动静音。通过 ZigBee 终端设备可以收集家庭各种信息，传送到中央控制设备，或是通过遥控达到远程控制的目的，提供家居生活自动化、网络化与智能化。

图 6-12

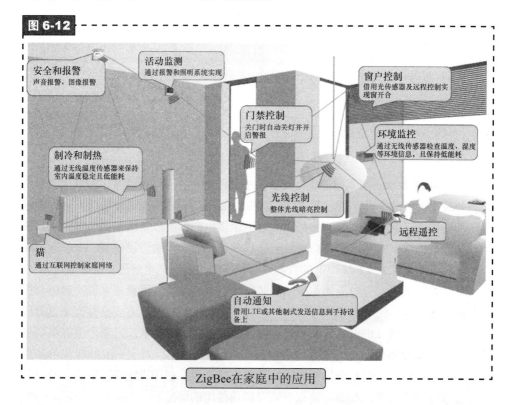

ZigBee在家庭中的应用

在工业生产中，通过 ZigBee 网络自动收集各种信息，并将信息回馈到系统进行数据处理与分析，以便于工厂整体信息的掌握。如火警的感测和通知、照明系统感测、生产流程控制等，都可由 ZigBee 网络提供相关信息，以达到工业与环境控制的目的。韩国的 NURI Telecom 在基于 Atmel 和 Ember 的平台上成功研发出基于 ZigBee 技术的自动抄表系统。该系统无须手动读取电表、天然气表及水表，从而为公用事业企业节省数百万美元，NURI Telecom 数据中心如图 6-13 所示。

图 6-13

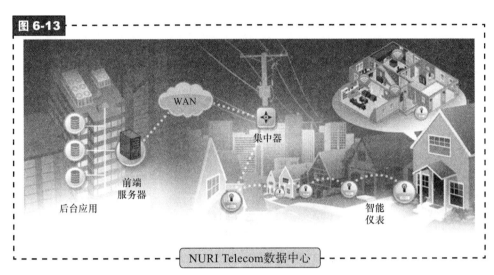

NURI Telecom数据中心

思考题

1. 简述蓝牙、ZigBee 和 WiFi 技术的主要差别。

2. 列举蓝牙 4.0 技术的特点。

3. 蓝牙技术主要应用在哪些领域，试举出几个应用场景。

4. ZigBee 网络设备包括哪 3 种角色，各自功能是什么？

5. ZigBee 技术支持几种网络拓扑结构，并画出拓扑结构示意图。

第7章

移动终端开发

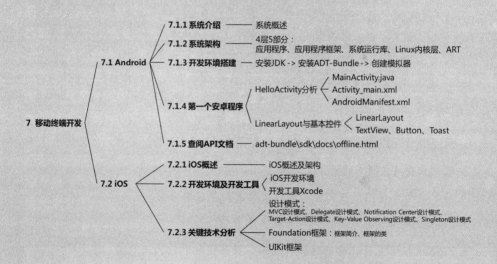

7 移动终端开发

7.1 Android
- 7.1.1 系统介绍 —— 系统概述
- 7.1.2 系统架构 —— 4层5部分：应用程序、应用程序框架、系统运行库、Linux内核层、ART
- 7.1.3 开发环境搭建 —— 安装JDK -> 安装ADT-Bundle -> 创建模拟器
- 7.1.4 第一个安卓程序
  - HelloActivity分析
    - MainActivity.java
    - Activity_main.xml
    - AndroidManifest.xml
  - LinearLayout与基本控件
    - LinearLayout
    - TextView、Button、Toast
- 7.1.5 查阅API文档 —— adt-bundle\sdk\docs\offline.html

7.2 iOS
- 7.2.1 iOS概述 —— iOS概述及架构
- 7.2.2 开发环境及开发工具
  - iOS开发环境
  - 开发工具Xcode
- 7.2.3 关键技术分析
  - 设计模式：MVC设计模式、Delegate设计模式、Notification Center设计模式、Target-Action设计模式、Key-Value Observing设计模式、Singleton设计模式
  - Foundation框架：框架简介、框架的类
  - UIKit框架

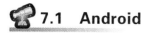 **7.1 Android**

▶▶ **7.1.1 系统介绍**

　　Android 是一种基于 Linux 的自由及开放源代码的操作系统，主要使用于移动设备，如智能手机和平板电脑，由 Google 公司和开放手机联盟领导及开发。尚未有统一中文名称，我国较多人使用"安卓"或"安致"。Android 操作系统最初由 Andy Rubin 开发，主要支持手机。2005 年 8 月由 Google 收购注资。2007 年 11 月，Google 与 84 家硬件制造商、软件开发商及电信营运商组建开放手机联盟共同研发改良 Android 系统。随后 Google 以 Apache 开源许可证的授权方式，发布了 Android 的源代码。第一部 Android 智能手机发布于 2008 年 10 月。Android 逐渐扩展到平板电脑及其他领域上，如电视、数码相机、游戏机等。2011 年第一季度，Android 在全球的市场份额首次超过塞班系统，跃居全球第一。 2013 年的第四季度，Android 平台手机的全球市场份额已经达到 78.1%。2013 年 9 月 24 日谷歌开发的操作系统 Android 迎来了 5 岁生日，全世界采用这款系统的设备数量已经达到 10 亿台。2014 年第一季度 Android 平台已占所有移动广告流量来源的 42.8%，首度超越 iOS。但运营收入不及 iOS。2016 年 8 月 22 日，谷歌正式推送 Android 7.0 Nougat 正式版。

▶▶ **7.1.2 系统架构（见图 7-1）**

　　Android 的系统架构和其操作系统一样，采用了分层的架构。从架构图 7-1 可知，Android 架构分为 4 个层 5 个部分，从高层到低层分别是应用程序层、应用程

图 7-1

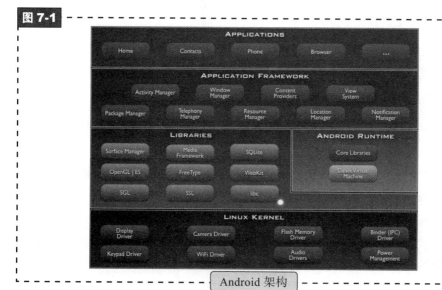

Android 架构

序框架层、系统运行库层和 Linux 内核层。

（1）Applications（应用程序层）

Android 会同一系列核心应用程序包一起发布，该应用程序集合包括邮件客户端，SMS 短消息程序，日历、地图、浏览器、联系人管理程序等。所有的应用程序都是使用 Java 语言编写的。

（2）Application Framework（应用程序框架层）

开发人员也可以完全访问核心应用程序所使用的 API 框架。该应用程序的架构设计简化了组件的重用。任何一个应用程序都可以发布它的功能块并且任何其他的应用程序都可以使用其所发布的功能块（不过得遵循框架的安全性）。同样，该应用程序重用机制也使用户可以方便地替换程序组件。

隐藏在每个应用后面的是一系列的服务和系统，其中包括：

- 丰富而又可扩展的视图（Views），可以用来构建应用程序，它包括列表（Lists）、网格（Grids）、文本框（Text boxes）、按钮（Buttons），甚至可嵌入的 web 浏览器。

- 内容提供器（Content Providers）使得应用程序可以访问另一个应用程序的数据（如联系人数据库），或者共享它们自己的数据。

- 资源管理器（Resource Manager）提供非代码资源的访问，如本地字符串，图形和布局文件（Layout files）。

- 通知管理器（Notification Manager）使得应用程序可以在状态栏中显示自定义的提示信息。

- 活动管理器（Activity Manager）用来管理应用程序生命周期并提供常用的导航回退功能。

（3）Libraries（系统运行库层）

Android 包含一些 C/C++ 库，这些库能被 Android 系统中不同的组件使用。它们通过 Android 应用程序框架为开发者提供服务。以下是一些核心库：

- 系统 C 库：标准 C 系统库（libc）的 BSD 衍生，调整为基于嵌入式 Linux 设备。

- 媒体库：基于 OpenCORE（PacketVideo），该库支持多种常用的音频、视频格式回放和录制，同时支持静态图像文件。编码格式包括 MPEG4、H.264、MP3、AAC、AMR、JPG、PNG。

- 界面管理：对显示子系统的管理，并且为多个应用程序提供 2D 和 3D 图层的无缝融合。

- LibWebCore：新式的 Web 浏览器引擎，驱动 Android 浏览器和内嵌的 web 视图。

- SGL：基本的 2D 图形引擎。

- 3D 库：基于 OpenGL ES 1.0 APIs 的实现。库使用硬件 3D 加速或包含高度优化的 3D 软件光栅。

- FreeType：位图和矢量字体渲染。

- SQLite：所有应用程序都可以使用的强大而轻量级的关系数据库引擎。

（4）Linux Kernel（Linux 内核层）

Android 基于 Linux 2.6 提供核心系统服务，例如：安全、内存管理、进程管理、网络堆栈、驱动模型。Linux Kernel 也作为硬件和软件之间的抽象层，它隐藏具体硬件细节而为上层提供统一的服务。

（5）Android Runtime（ART）

Android 包含一个核心库的集合，提供大部分在 Java 编程语言核心类库中可用的功能。每一个 Android 应用程序是 Dalvik 虚拟机中的实例，运行在自己的进程中。因为 Dalvik 虚拟机的存在，Android 系统的开发者只需使用谷歌提供的 SDK（软件开发工具包）即可较为轻松地按照一套"规则"创建 APP，不用顾忌硬件、驱动等问题，在每次执行应用的时候，Dalvik 虚拟机都会将程序的语言由高级语言编译为机器语言，这样当前设备才能够运行这一应用。Dalvik 虚拟机可执行文件格式是 .dex，适合内存和处理器速度有限的系统。

▶▶ 7.1.3 开发环境搭建

（1）安装 JDK

下载 JDK，设置环境变量，如图 7-2 所示。

1）我的电脑→属性→高级→环境变量→系统变量中添加以下环境变量。
2）编辑 Path，选择新建 C:\Program Files（x86）\Java\jdk1.7.0_79\bin（安装 JDK 的目录）；或编辑文本，用分号隔开后添加。

Path 添加成功后，可以打开 cmd 窗口，输入 java -version 查看 JDK 的版本信息。出现类似图 7-3 的画面表示安装成功。

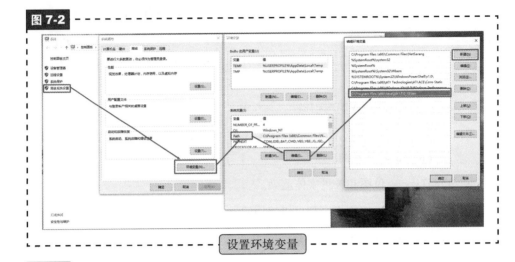

图 7-2

设置环境变量

图 7-3

检查JDK是否安装成功

（2）安装 ADT-Bundle

ADT-Bundle 的安装应该是安卓开发的最简单的一种。Android Studio 的提示功能更加地强大，第三方包管理更加方便，但编译构建略慢一些。

下载并直接解压即可，打开 eclipse 下的 eclipse.exe，输入工作路径作为安卓开发环境的工作路径，如图 7-4 所示。

（3）创建模拟器

进入 eclipse，关闭 Android IDE 窗口后，进入工作空间（见图 7-5）。在工具栏中选择 Android Virtual Device Manager（见图 7-6）。点击"New"，创建一个模拟器，如图 7-7 设置参数。创建完成后，点击 OK，选择 start，选择 launch 打开模拟器（见图 7-8、图 7-9）。

图 7-4

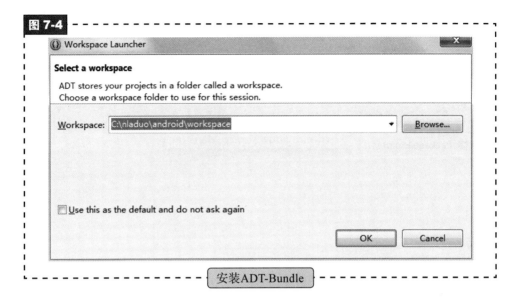

安装ADT-Bundle

图 7-5

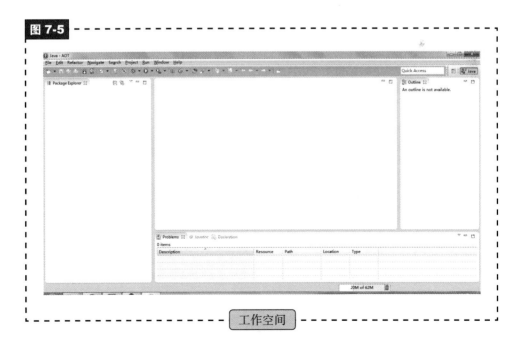

工作空间

图 7-6

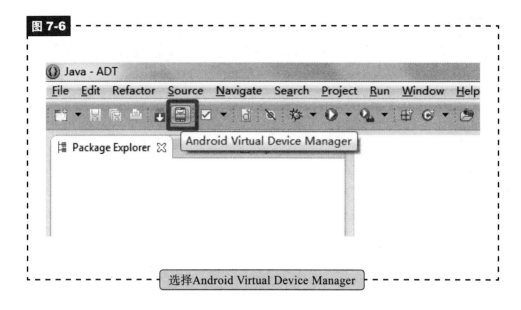

选择Android Virtual Device Manager

图 7-7

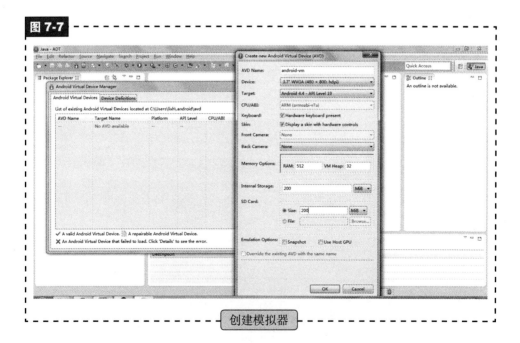

创建模拟器

图 7-8

打开模拟器

图 7-9

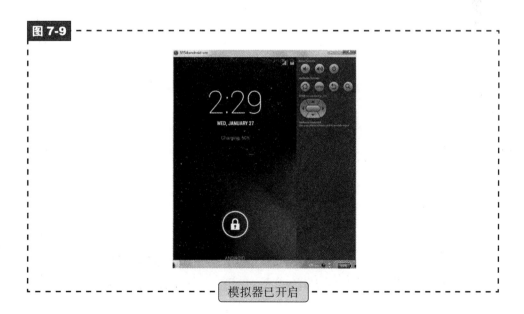

模拟器已开启

▶▶ 7.1.4 第一个安卓程序

创建好模拟器后，开始创建第一个安卓应用。在 eclipse 上选择 new → file → New Android Application。在 Application Name 上输入：HelloActivity。点击 Next，直到 Finish，如图 7-10 所示。

图 7-10

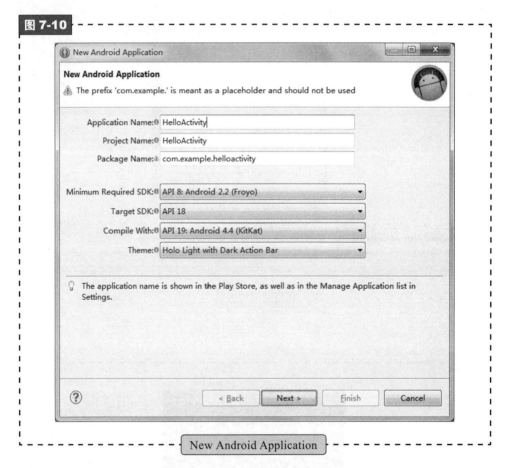

New Android Application

参数说明：
1）Application Name: 一个易读的标题。
2）Project Name: 包含这个项目的文件夹的名称。
3）Package Name: 包名，遵循 JAVA 规范，用包名来区分不同的类。

Android 按照用途将不同的内容分别存放在不同的目录中，了解 Android 就必须了解这些目录的结构和特性。Android 项目工程目录结构及说明如图 7-11 所示。

创建好后，编辑 MainActivity.java，右键工程，选择 "Run As"，再选择 "Android Application" 即可运行，效果如图 7-12 所示。

图 7-11

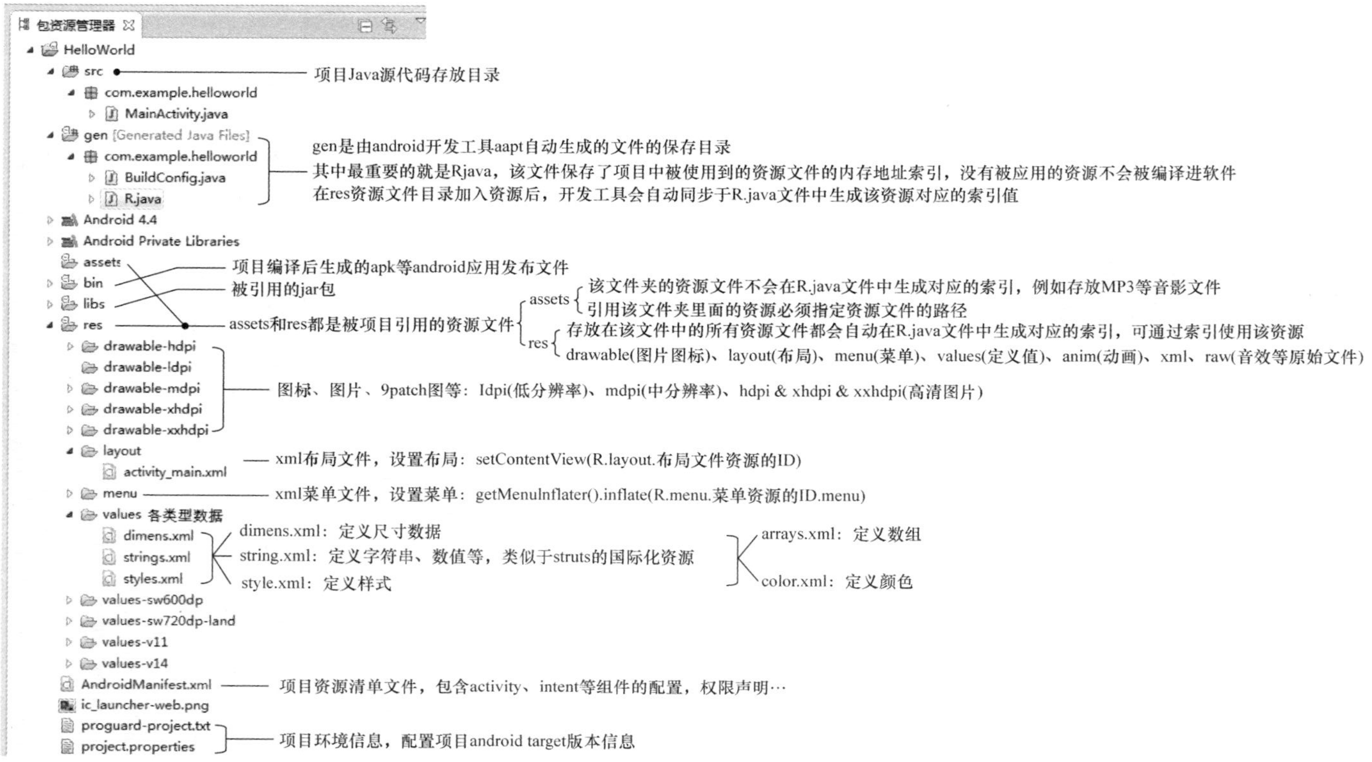

HelloWorld
- src ——————— 项目Java源代码存放目录
  - com.example.helloworld
    - MainActivity.java
- gen [Generated Java Files] ——— gen是由android开发工具aapt自动生成的文件的保存目录
  - com.example.helloworld
    - BuildConfig.java
    - R.java ——— 其中最重要的就是R.java，该文件保存了项目中被使用到的资源文件的内存地址索引，没有被应用的资源不会被编译进软件
- Android 4.4
- Android Private Libraries
- assets ——— 在res资源文件目录加入资源后，开发工具会自动同步R.java文件中生成资源对应的索引值
- bin ——— 项目编译后生成的apk等android应用发布文件
- libs ——— 被引用的jar包
- res ——— assets和res都是被android项目引用的资源文件
  - drawable-hdpi
  - drawable-ldpi
  - drawable-mdpi
  - drawable-xhdpi
  - drawable-xxhdpi
  - layout ——— xml布局文件，设置布局：setContentView(R.layout.布局文件资源ID)
    - activity_main.xml
  - menu ——— xml菜单文件，设置菜单：getMenuInflater().inflate(R.menu.菜单资源源ID.menu)
  - values 各类数据
    - dimens.xml ——— dimens.xml：定义尺寸数据
    - strings.xml ——— string.xml：定义字符串、数值等，类似于struts的国际化资源
    - styles.xml ——— style.xml：定义样式
  - values-sw600dp
  - values-sw720dp-land
  - values-v11
  - values-v14
- AndroidManifest.xml ——— 项目资源清单文件，包含activity、intent等组件的配置，权限声明…
- ic_launcher-web.png
- proguard-project.txt
- project.properties ——— 项目环境信息，配置项目android target版本信息

assets { 该文件夹里面的资源不会在R.java文件中生成对应索引，例如存放MP3等音影文件

res { 引用该文件夹里面的资源必须指定资源文件的路径：drawable(图片中分辨率)、layout(布局)、menu(菜单)、values(定义值)、hdpi & xhdpi & xxhdpi(高清图片)

图标、图片、9patch图片等：ldpi(低分辨率)、mdpi(中分辨率)、hdpi...存放在该文件中的所有资源都会自动在R.java文件中生成对应的索引，可通过索引使用该资源 anim(动画)、xml、raw(音效等原始文件)

arrays.xml：定义数组
color.xml：定义颜色

Android项目工程目录说明

（图片来源：http://blog.csdn.net/yihuiworld/article/details/46009085）

Hello Activity效果

（1）HelloActivity 分析

• MainActivity.java 分析

打开 MainActivity.java 文件，可以看见有两个方法：onCreate 和 onCreate-OptionsMenu。

其中，onCreateOptionMenu 用于创建菜单，暂时可先删除，剩余代码如下所示。

```
public class MainActivity extends Activity {
    @Override
    protected void onCreate（Bundle savedInstanceState）{
        super.onCreate（savedInstanceState）;
        setContentView（R.layout.activity_main）;
    }
}
```

其中 @Override 表示重写，说明这个方法是从父类 / 接口继承过来的，需要重写一次。此处说明 OnCreate 是重写方法，对父类（Activity 类）的 onCreate 方法进行扩展或者覆盖。按下 Ctrl 键的同时，点击 layout，代码如下：

```
public static final class layout {
    public static final int activity_main=0x7f030000;
}
```

按下 Ctrl 键，鼠标浮动到变量 activity_main 上，可以看到第一行显示出 "Open Declaration in layout/activity_main.xml"，点击后发现出来如下内容：

```
<RelativeLayout xmlns:android="http://schemas.android.com/apk/res/android"
    xmlns:tools="http://schemas.android.com/tools"
    android:layout_width="match_parent"
    android:layout_height="match_parent"
    android:paddingBottom="@dimen/activity_vertical_margin"
    android:paddingLeft="@dimen/activity_horizontal_margin"
    android:paddingRight="@dimen/activity_horizontal_margin"
    android:paddingTop="@dimen/activity_vertical_margin"
    tools:context=".MainActivity" >

    <TextView
        android:layout_width="wrap_content"
        android:layout_height="wrap_content"
        android:text="@string/hello_world" />

</RelativeLayout>
```

此时可以点击窗口下面的 Graphical Layout，之前运行的界面也显现了出来，如图 7-13 所示。

图 7-13

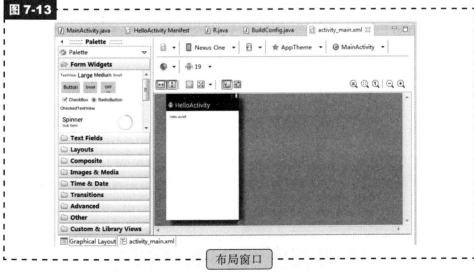

布局窗口

activity_main.xml 在文件目录 res 下的 layout 里。所以之前看到的 R.layout.activity_main，其中 "R" 这个文件是 IDE 自动生成的。R.java 文件中内容的来源，即当开发者在 res 目录中任何一个子目录中添加相应类型的文件之后，ADT 会在 R.java 文件中相应的内部类中自动生成一条静态 int 类型的常量，对添加的文件进行索引。如果在 layout 目录下再添加一个新的界面，那么在 public static final class layout 中也会添加相应的静态 int 常量。相反当在 res 目录下删除任何一个文件，其在 R.java 中对应的记录会被 ADT 自动删除。

131

R.java 文件除了有自动标示资源的索引功能之外，还有另外一个主要的功能，如果 res 目录中的某个资源在应用中没有被使用到，在该应用被编译的时候系统就不会把对应的资源编译到该应用的 APK 包中，这样可以节省 Android 手机的资源。

- activity_main.xml 分析

```
<RelativeLayout xmlns:android="http://schemas.android.com/apk/res/android"
  xmlns:tools="http://schemas.android.com/tools"
  android:layout_width="match_parent"
  android:layout_height="match_parent"
  android:paddingBottom="@dimen/activity_vertical_margin"
  android:paddingLeft="@dimen/activity_horizontal_margin"
  android:paddingRight="@dimen/activity_horizontal_margin"
  android:paddingTop="@dimen/activity_vertical_margin"
  tools:context=".MainActivity" >

  <TextView
    android:layout_width="wrap_content"
    android:layout_height="wrap_content"
    android:text="@string/hello_world" />

</RelativeLayout>
```

Relative Layout 为安卓应用程序界面布局方式中相对灵活的一种，可以翻译成相对布局。其中：

android:layout_width：RelativeLayout 所占屏幕的宽度。

android:layout_height：RelativeLayout 所占屏幕的宽度。

android:paddingBottom：RelativeLayout 和屏幕边界的内边距。

布局效果放大后，可以发现 HelloWorld 字符并不是紧贴着屏幕边沿的，如图 7-14 所示。

图 7-14

布局效果

- AndroidManifest.xml 分析

AndroidManifest.xml 是每个 android 程序中必需的文件。它位于整个项目的根目录，描述了 package 中暴露的组件（activities，services 等）及各自的实现类，能被处理的数据和启动位置。除了能声明程序中的 Activities、Content Providers、Services 和 Intent Receivers，还能指定 permissions 和 instrumentation（安全控制和测试）。

打开 AndroidManifest.xml 文件，代码如下：

```xml
<?xml version="1.0" encoding="utf-8"?>
<manifest xmlns:android="http://schemas.android.com/apk/res/android"
  package="com.example.helloactivity"
  android:versionCode="1"
  android:versionName="1.0" >
  <uses-sdk
    android:minSdkVersion="8"
    android:targetSdkVersion="18" />
  <application
    android:allowBackup="true"
    android:icon="@drawable/ic_launcher"
    android:label="@string/app_name"
    android:theme="@style/AppTheme" >
    <activity
      android:name="com.example.helloactivity.MainActivity"
      android:label="@string/app_name" >
      <intent-filter>
        <action android:name="android.intent.action.MAIN" />
        <category android:name="android.intent.category.LAUNCHER" />
      </intent-filter>
    </activity>
  </application>
</manifest>
```

在 application 标签下的 activity，可以看见"com.example.helloactivity.MainActivity"，这就是上文定义的 MainActivity。intent-filter 标签里 action 和 category，通过 name 属性可以看出，它标示启动哪个 activity。这样的标签一个应用只能有一个。

接下来新建一个 SecondActivity.java 并创建一个 activity_second.xml 作为配置文件，同时将 SecondActivity 作为第一个启动的 activity。具体代码如下：

activity_second.xml：

```
<RelativeLayout xmlns:android="http://schemas.android.com/apk/res/android"
  xmlns:tools="http://schemas.android.com/tools"
  android:layout_width="match_parent"
  android:layout_height="match_parent"
  android:paddingBottom="@dimen/activity_vertical_margin"
  android:paddingLeft="@dimen/activity_horizontal_margin"
  android:paddingRight="@dimen/activity_horizontal_margin"
  android:paddingTop="@dimen/activity_vertical_margin"
  tools:context=".MainActivity" >
  <TextView
    android:layout_width="wrap_content"
    android:layout_height="wrap_content"
    android:text="this is Second Activity" />
</RelativeLayout>
```

SecondActivity.java：

```
public class SecondActivity extends Activity{
    protected void onCreate（android.os.Bundle savedInstanceState）{
        super.onCreate（savedInstanceState）；
        setContentView（R.layout.activity_second）；
    }；
}
```

AndroidManifest.xml：

```
<?xml version="1.0" encoding="utf-8"?>
<manifest xmlns:android="http://schemas.android.com/apk/res/android"
  package="com.example.helloactivity"
  android:versionCode="1"
  android:versionName="1.0" >
  <uses-sdk
    android:minSdkVersion="8"
    android:targetSdkVersion="18" />
  <application
    android:allowBackup="true"
    android:icon="@drawable/ic_launcher"
    android:label="@string/app_name"
    android:theme="@style/AppTheme" >
    <activity
      android:name="com.example.helloactivity.MainActivity"
      android:label="@string/app_name" >
    </activity>
    <activity
      android:name="com.example.helloactivity.SecondActivity"
      android:label="@string/app_name" >
      <intent-filter>
        <action android:name="android.intent.action.MAIN" />
        <category android:name="android.intent.category.LAUNCHER" />
      </intent-filter>
    </activity>
  </application>
</manifest>
```

运行效果如图 7-15 所示。

图 7-15

Second Activity运行效果

（2）LinearLayout 与基本控件

· LinearLayout：线性布局

LinearLayout 主要有一个属性"orientation"，即方向，分别为 vertical 和 horizontal，垂直和水平。在前边的 activity_main.xml 上编写，代码实现如下：

```
<LinearLayout xmlns:android="http://schemas.android.com/apk/res/android"
  xmlns:tools="http://schemas.android.com/tools"
  android:layout_width="match_parent"
  android:layout_height="match_parent"
  android:paddingBottom="@dimen/activity_vertical_margin"
  android:paddingLeft="@dimen/activity_horizontal_margin"
  android:paddingRight="@dimen/activity_horizontal_margin"
  android:paddingTop="@dimen/activity_vertical_margin"
  android:orientation="horizontal"
  tools:context=".MainActivity" >
<TextView
  android:layout_weight="1"
  android:layout_width="0dp"
  android:layout_height="match_parent"
  android:background="#ff0000"/>
<TextView
  android:layout_weight="1"
```

```
      android:layout_width="0dp"
      android:layout_height="match_parent"
      android:background="#00ff00"/>
   <TextView
      android:layout_weight="1"
      android:layout_width="0dp"
      android:layout_height="match_parent"
      android:background="#0000ff"/>
</LinearLayout>
```

其中 layout_width 被设置为 0dp，表示平分宽度。示例中 orientation 为 horizontal，效果如图 7-16 所示。相反，如果把 orientation 设置为 vertical，把所有 TextView 的 layout_width 设置为 match_parent，而 layout_height 设置为 0dp，效果如图 7-17 所示。

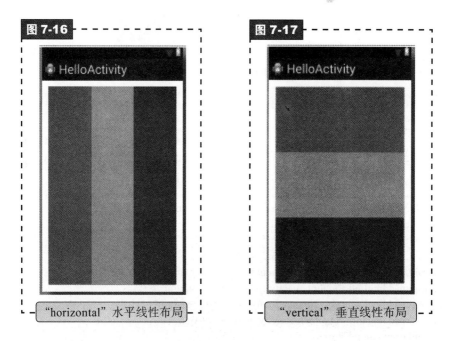

图 7-16　"horizontal" 水平线性布局　　图 7-17　"vertical" 垂直线性布局

- TextView

TextView 类似一般 UI 中的 Label、TextBlock 等控件，只是为了单纯地显示一行或多行文本。在 activity_second.xml 中进行操作，解释该控件的用法。

首先需要通过代码来找到该控件，比如需要找到 activity_second.xml 里的 TextView：

```
<TextView
    android:id="@+id/tv_second"
    android:layout_width="wrap_content"
    android:layout_height="wrap_content"
    android:text="this is Second Activity" />
```

添加 id 属性，修改 SecondActivity.java 的 onCreate 方法：

```
protected void onCreate（android.os.Bundle savedInstanceState）{
    super.onCreate（savedInstanceState）;
    setContentView（R.layout.activity_second）;
    TextView tv=（TextView）findViewById（R.id.tv_second）;
    tv.setText（"第二个 activity"）;
};
```

较之前的代码，这里添加了两行。首先用 findViewById 获取到 View 对象，而 TextView 是 View 的子类，所以可以利用多态的特性进行强制转换，就可以获取到 View。其中 tv_second 则是之前在 xml 文件中配置的 id，IDE 会自动在 R 下面的 id 类里生成对应的名字，如图 7-18 所示。

图 7-18

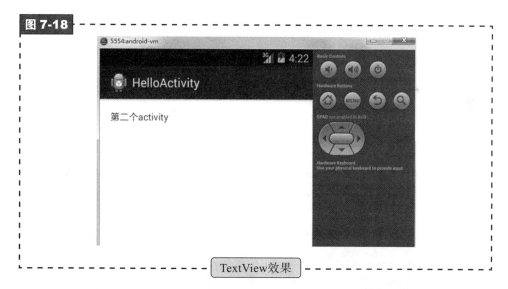

TextView效果

• Button

Android SDK 包含两个布局中可以使用的简单按钮控件：Button（android. widget.Button）和 ImageButton（android.widget.ImageButton）。这两个控件的功能很相似，Button 控件有一个文本标签，而 ImageButton 使用一个可绘制的图像资源来代替。Button 使用的一个很好的例子应该是一个简单的带有"保存"文本标签的按钮。ImageButton 使用的一个很好的例子可能是音乐播放器按钮的集合，包括播放、暂停以及停止。

Button 用法和 TextView 相似，先声明一个 button，并把 RelativeLayout 改成 LinearLayout，方向设置为垂直。在 activity_second.xml 文件中，<TextView> 下方添加：

```
<Button
    android:id="@+id/btn_second"
    android:layout_width="wrap_content"
    android:layout_height="wrap_content"
    android:text="Click" />
```

修改 SecondActivity.java 中 onCreate 方法，代码如下：

```
protected void onCreate（android.os.Bundle savedInstanceState）{
    super.onCreate（savedInstanceState）;
    setContentView（R.layout.activity_second）;
    tv =（TextView）findViewById（R.id.tv_second）;
    tv.setText（"第二个 activity"）;
    btn =（Button）findViewById（R.id.btn_second）;
    btn.setOnClickListener（new OnClickListener（）{

        @Override
        public void onClick（View v）{
            tv.setText（"点击了 Button"）;
        }
    }）;
};
```

其中 findViewById 和 textview 的基本都一样。setOnClickListener 的意思就是当点击时候触发，即回调方法。运行效果如图 7-19 所示。

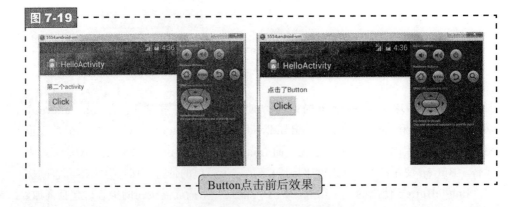

图 7-19

Button点击前后效果

• Toast

Toast 是 Android 中用来显示帮助或提示信息的一种机制，Toast 通知是一条弹出显示在窗口表面的消息，它只占据足够显示消息内容的屏幕空间，并且用户当前的 activity 仍然保持可见和可操作。这个通知自动淡入淡出，并不接收交互事件。它主要用于向用户显示提示消息。

首先导包：

```
import android.widget.Toast;
```

修改 onClick 方法：

```
public void onClick（View v）{
    tv.setText（"点击了 Button"）;
    Toast.makeText（SecondActivity.this，"点击了 Button",
        Toast.LENGTH_LONG）.show（）;
}
```

运行后，点击的效果如图 7-20 所示。

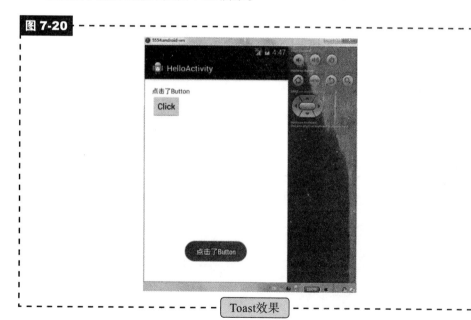

图 7-20　Toast效果

7.1.5　查阅 API 文档

首先，打开 adt-bundle\sdk\docs 目录，并使用浏览器打开 offline.html，如图 7-21 所示。

图 7-21

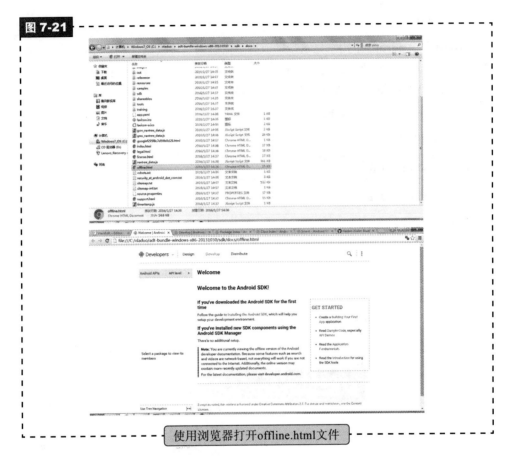

使用浏览器打开offline.html文件

选择标题栏的 Develop-Training，如图 7-22 所示为官方教程。

图 7-22

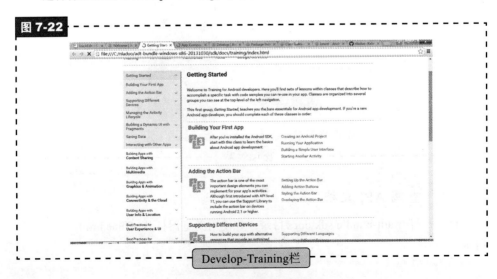

Develop-Training栏

选择标题栏的 Develop- Reference，而后选择 See all API classes，如图 7-23 所示。

图 7-23

Android AIPs

向下找到 "Activity" 点击进入，即可看到 Activity 的详细文档，如图 7-24 所示。

图 7-24

Activity类

在图 7-25 中，Activity 生命周期有 3 个关键的循环：

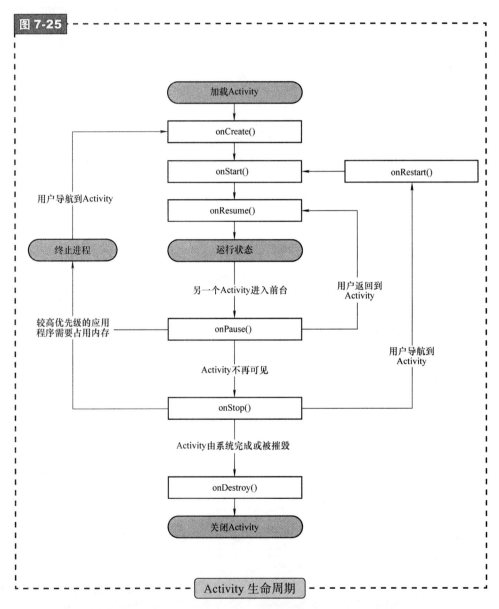

图 7-25

Activity 生命周期

1）整个生命周期，从 onCreate（）开始到 onDestroy（）结束。Activity 在 onCreate（）设置所有的"全局"状态，在 onDestory（）释放所有的资源。

2）可见生命周期，从 onStart（）开始到 onStop（）结束。在这段时间，可以看到 Activity 在屏幕上，尽管有可能不在前台，不能和用户交互。在这两个接口之间，需要保持显示给用户的 UI 数据和资源等，当不再需要显示时，可以在

onStop（）中注销它。onStart（）、onStop（）都可以被多次调用，因为 Activity 随时可以在可见和隐藏之间转换。

3）前台生命周期，从 onResume（）开始到 onPause（）结束。在这段时间里，该 Activity 处于所有 Activity 的最前面，和用户进行交互。Activity 可以经常性地在 resumed 和 paused 状态之间切换。

如果想了解更多 Andriod 内容可以访问以下网址：

https://github.com/nladuo/IoT-Firstep/blob/master/book/3.0.md

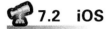 7.2　iOS

▶▶ 7.2.1　iOS 概述

iOS 是由苹果公司开发的操作系统。最初是设计给 iPhone 使用，后来陆续应用到 iPod touch、iPad 以及 Apple TV 产品上。也就是说，iOS 是苹果所有移动产品的操作系统，苹果 iOS 是目前全球最完善、生态环境最优秀的移动开发平台。

iOS 平台使用了构建 Mac OS X 时积累的知识，iOS 平台的许多工具和技术也源自 Mac OS X 平台。尽管它和 Mac OS X 很类似，但是即使没有 Mac OS X 开发经验也可以开发 iOS 程序。iOS SDK 提供了创建 iOS 应用程序所需的环境和工具。

iOS 的架构和 Mac OS X 的基础架构很类似。如图 7-26 所示，iOS 的角色是底层硬件和屏幕上应用程序之间的中间层。创建的程序不能直接和硬件交互，它们只能通过系统接口和对应的硬件交互。这种通过系统提供接口与底层硬件交互的方式使开发者的程序无须关心底层硬件的变动。

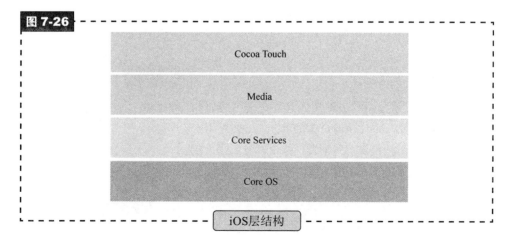

图 7-26

iOS 层结构

Cocoa Touch 层包含了构建 iOS 程序的关键 framework。此层定义了程序的基本结构，支持如多任务，基于触摸的输入，推送通知以及许多高层次的系统服务。

Media 层为了在移动设备上创造最佳的多媒体体验，包含了图形、音频、视频等各种技术。更重要的是利用这些技术可以简单地创造出很好的程序。iOS 的上层框架可以轻松快速地构建图像和图形，而底层框架提供所需的工具，让设计者可以精确掌握如何操作。

Core Services 层为所有的应用程序提供基础系统服务。可能应用程序并不直接使用这些服务，但它们是系统很多部分赖以建构的基础。

Core OS 层的底层功能是很多其他技术的构建基础。通常情况下，这些功能不会直接应用于应用程序，而是应用于其他框架。但是，在直接处理安全事务或和某个外设通信的时候，则必须要应用到该层的框架。

如果想了解更多关于各层的详细内容可以访问以下网址：

https://developer.apple.com/library/ios/documentation/Miscellaneous/Conceptual/iPhoneOSTechOverview/Introduction/Introduction.html#//apple_ref/doc/uid/TP40007898

▶▶ 7.2.2 开发环境及开发工具

（1）iOS 开发环境

iOS 开发一定要有苹果的软件环境：mac OS 操作系统、Objective-C/Swift 编译器、设备模拟器等，开发工具并非一定使用 Xcode，只要是个源代码编辑工具就可以，但功能没有 Xcode 完整。

拥有 Mac OS 环境最简单的方法是找一台苹果电脑，包括 iMac、MacBook Pro、MacBook Air、Mac Mini，但不包括苹果的移动设备（iPod Touch、iPhone、iPad、iPad Mini，它们运行的是 iOS 系统，不是 Mac OS），苹果电脑在出厂的时候就会预装 Mac OS，目前最新版本是 macOS Sierra。

（2）开发工具 Xcode

Xcode 是苹果公司推出的集成开发环境，可以用来为包括 iPad、iPhone、Apple Watch、Mac 的苹果产品开发应用，Xcode 提供工具来管理整个开发流程，从创建、测试、优化直至提交应用到 App Store。

Xcode LOGO 如图 7-27 所示。

图 7-27

Xcode LOGO

· 简洁的窗口视图（见图 7-28）

Xcode 界面集成代码编辑、用户界面设计、资源管理、测试、调试于单个工作窗口，可以根据需求只显示一个任务，比如只显示源代码或者用户界面布局，或者让代码和用户界面布局同时并排显示，甚至可以打开多个窗户来自定义环境。

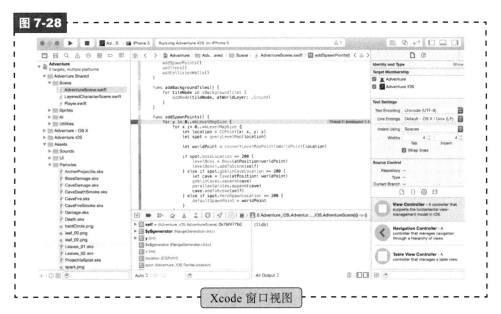

图 7-28

Xcode 窗口视图

- 强大的源代码编辑辅助功能

不管你是使用 Swift，Objective-C，C，C++，或者还是多种语言混编，Xcode 都会在输入源代码的同时检查源代码，当 Xcode 检测到一个错误时，源代码就会高亮显示错误，很多情况下，Xcode 都会提供正确的解决方案来修正这个错误，Xcode 智能的代码提示功能加速了输入源代码的过程，通过预判自动补全功能和资源模板减少输入时间使用 Swift、Playground 让代码可以自动编译和运行。

- 强大的图形界面设计（见图 7-29）

界面生成器（Interface Builder）是一个集成到 Xcode 的视觉设计编辑器。使用界面生成器通过组合窗口、视图、控件、菜单，可配置对象库中的其他元素或自定义的元素来创建 iOS、WatchOS 或 OS X 应用程序的用户界面。使用故事板（storyboard）来指定应用程序的场景和转换。然后拖拽故事板中控件到对应的实现代码，实现对控制板控件的逻辑操作。

通过自动布局功能，为对象定义约束，使它们自动适应屏幕大小和窗口大小的变化。通过不同屏幕大小类型，调整用户界面来适应任何组合的屏幕大小和方向旋转，也可以自定义自动布局的约束，增加或删除视图，甚至改变字体。

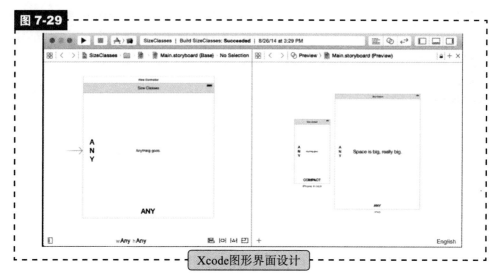

Xcode图形界面设计

如果想了解更多关于Xcode的更多详细内容可以访问以下网址：

https://developer.apple.com/library/prerelease/ios/documentation/ToolsLanguages/
Conceptual/Xcode_Overview/

▶▶ 7.2.3　关键技术分析

（1）设计模式

设计模式可以解决在软件开发过程中一些常见的问题，设计模式是一种抽象思维，而不是代码，大多数情况下，可以采用一种或多种设计模式来解决软件开发中所面对的问题。

不管要创造什么类型的应用，应该了解在框架中使用的基本设计模式，了解设计模式，可以更加高效地使用框架并且同时也让项目更具二次开发性，更加具有拓展性，并且可以很容易地去修改。

- MVC设计模式（见图7-30）

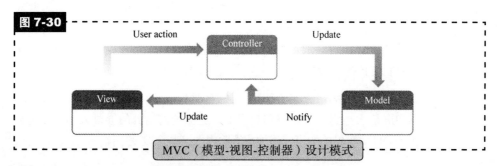

MVC（模型-视图-控制器）设计模式

模型对象（M，Model Object）封装的是数据源和所有基于对这些数据的操作，比如：模型对象可能会代表游戏中的角色或者在通讯录的联系人，很多时候在一款应用中的模型层是一对一或者一对多的，由于模型对象代表着一些特殊问题的处理方案，因此它们可以在很多相似的问题域重用，一个"纯"的模型对象不应该和展示其中数据的视图对象有直接的关联或者让用户去编辑它所包含的数据，它不应该和用户界面或界面的展示有任何相关性。

用户在视图层创建或修改数据的操作应该通过控制器对象，进而控制器对象来创建或者更新一个模型对象，当一个模型对象发生改变时（比如，从网络请求中获得了新的数据），它将通知一个控制器，控制器进而将更新视图对象所展示的内容。

视图对象（V，View Object）是用户在一款应用中可以看得见的对象，视图对象知道如何绘制（在其视图上展示图形画面）它自己并且还可以对用户触发的事件做出反应。视图对象的主要功能就是展示来自模型对象中的数据并且可以修改这些数据。尽管如此，在 MVC 应用中，视图对象通常与模型对象分离（意思就是需要控制器作为中介来联系双方）。

由于通常会重复使用视图对象，并对它们进行重新配置，为了保证不同应用中视图对象的一致性，不同类型的视图对象最终都继承于 NSView 这个类。

视图对象通过与应用控制器之间的通信，进而获取用户发起的信息更改在应用模型对象中造成的数据变化，例如：视图中用户将一段文字输入文本框，通过控制器对象传递给模型对象。

控制器对象（C，Controller Object）作为在一个或多个视图对象和一个或多个模型对象之间的中介，控制器对象就像是一个管道。通过它，视图对象能够获知对应模型对象的变化，反之亦然。控制器对象同样还可以对应用执行设置和协调任务并且管理其他对象的生命周期。

控制器对象解读用户在视图对象上操作的行为，并且与模型对象通信在模型层中产生新的数据或修改旧数据。反之，当模型对象发生改变，一个控制器对象将新数据的改变通知视图对象，这样视图对象就能显示这些改变的数据了。

- Delegate 设计模式（见图 7-31）

代理是类似于有一封信要寄给远方的朋友，本人不能送到朋友手中，因此就交给邮局把信送到朋友手中，这就是代理模式。它包含两个必须的部分，代理类必须定义一个属性（约定叫作 delegate）作为我们在调用它时的名称，同时它还必须得声明一系列的协议（那些要实现这个代理的类将会执行这些协议），很多框架中的类提供协议作为应用增强特定框架行为的途径，它不仅局限于框架中的类，同时也可以在自定义的类中实现。

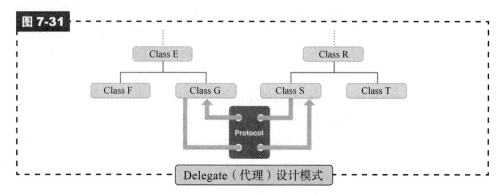

图 7-31

Delegate（代理）设计模式

协议不通过继承来实现对象间的通信，协议仅是一个声明的接口，它是从类中抽出的一些方法的集合，声明实现这个协议的类都需要实现全部或部分协议里的方法，并且获得由采用并实现了协议的类所返回的值，这样在多个对象中的通信促进了一个特定的目标，比如解析 XML，或者复制一个对象，在协议接口两边的对象可以通过继承远远地相互关联，因此，协议，作为代理的一部分，可以作为一种代替子类化某个类的方式，并且它也作为一个框架中实现代理的一个部分。

- Notification Center 设计模式（见图 7-32）

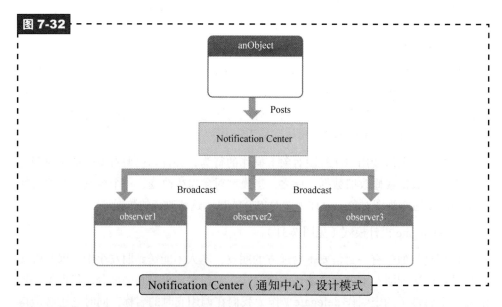

图 7-32

Notification Center（通知中心）设计模式

通知中心是基础框架的一个子系统，它可以给应用中所有注册为这条通知事件的观察者对象广播一条消息（通知），这是一个 NSNotificationCenter 类的实例，这个事件可以是这个应用中发生的任何事件，比如应用进入后台，或者用户点击的文本框。消息（通知）将会发送给观察者说明这件事件发生了，这样就给了观察者一个机会来对这个事件作出一个恰当的反馈。消息通过通知中心发送就提供了一个途径来增加应用中不同对象间的合作和衔接。

消息是一个对象，它有个针对特定事件的名字，无论该特定事件已经发生或者将要发生，它同时也包含对发送消息到消息中心的对象的引用，同时它还可以包括一个包含额外信息的字典。

- Target-Action 设计模式（见图 7-33）

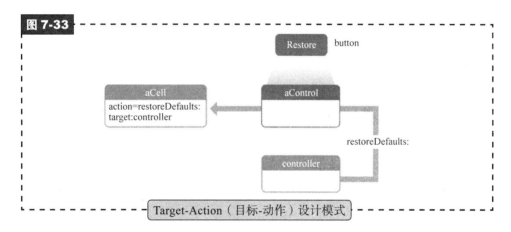

图 7-33

Target-Action（目标-动作）设计模式

目标动作设计模式是在 cocoa 和 cocoa Touch 框架中重要的 controls 部分，一个 control 就像一个用户作用接口对象，比如一个按钮、滚动条或者一个开关，用户可以操控这些对象（通过点击、拖动等）来传递意图。大多 Cocoa controls 都会搭配一个或多个 cell 对象来储存作用目标和要触发的动作，相反一个 Cocoa Touch control，同时储存了作用目标和要出发的动作。

（Cocoa 是 Mac OS X 的开发环境，cocoa Touch 是 iPhone OS 的开发环境）

- Key-Value Observing 设计模式（见图 7-34）

键值观察者设计模式（简称 KVO）允许一个对象观察另一个对象的某一个属性。作为观察者的对象，当被观察对象属性变化时会收到消息，观察者将知道旧值和改变后的新值，如果被观察者是包含多个对象的数组对象，观察者同样会知道数组中的哪一个对象发生了变化。KVO 通过保证模型对象、控制器对象和视图对象改变的同时性使应用更加具有"凝聚力"，和 NSNotificationCenter 消息相似，多个 KVO 观察者可以观察同一个属性。不仅如此，KVO 更加具有动态性，因为它允许对象观察任意属性而不需要增加其他新的 API。KVO 就是一个轻量级的点对点通信机制，当然它不允许观察所有实例的特定属性。

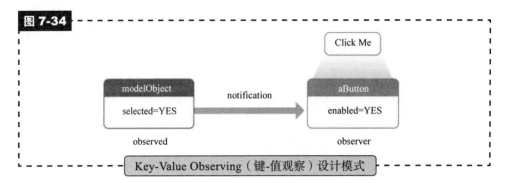

图 7-34

Key-Value Observing（键-值观察）设计模式

- Singleton 设计模式（见图 7-35）

单例设计模式无论一个应用有多少次请求它都会返回相同的实例。一个普通的类允许在一个应用中创建多个这个类的实例，然而对于一个单例类来说，在每一个进程中只允许有一个这个类的实例。一个单例对象提供一个全局的指针指向这个类的所有资源。单例设计模式被用于当某个类在一个应用中提供相同的资源和服务，通过工厂方法来从单例类中获取一个全局实例，单例类将在它第一次被请求时加载生成它的单个实例，以此保证将不会有第二个实例被生成单例类。

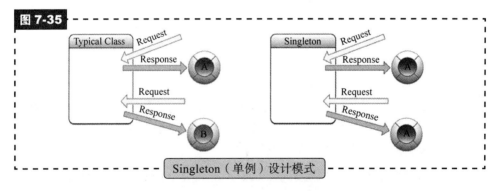

图 7-35

Singleton（单例）设计模式

同样会阻止调用它的对象 copy、retain、release 这个实例。有些框架类也是单例，比如 UIApplication and UIAccelerometer。调用工厂方法将返回对应的一个实例。通常来说，工厂方法名称是 shared+ 类的类别，比如 sharedApplication。

如果想了解更多设计模式详细内容可以访问以下网址：

https://developer.apple.com/library/prerelease/mac/referencelibrary/GettingStarted/RoadMapOSX/books/StreamlineYourAppswithDesignPatterns/StreamlineYourApps/StreamlineYourApps.html

（2）Foundation 框架（见图 7-36）

· Foundation 框架简介

Foundation 框架定义了 Objective-C 类的基层，除了提供大量有用的原始类外，同时提供了一些用非 Objective-C 语言架构的具有功能性的范式，Foundation 的存在主要基于以下的几点：

— 提供小部分基础工具类。

— 通过引进比如存储单元分配这种一致约定的内容来使软件开发更加便捷。

— 支持统一字符编码，对象持久性等。

— 提供一定程度的操作系统独立性，增强应用的移植性。

Foundation 框架包括根对象类，这些类用来表示基本数据类型，比如字符串和字节数组，以及用于储存其他对象的集合类，和用于展示的系统信息，比如日期时间的类，和表示底层通信接口的类。可以看到 Cocoa Objective-C 针对这些类在 Foundation 中按层级排布的结构构成了整个 Foundation 框架。

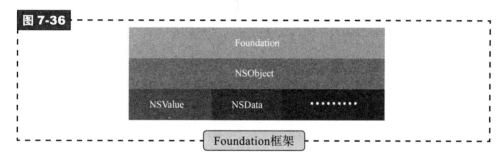

图 7-36

Foundation 框架

Foundation 框架引入范式来避免在常见场景下出现的混乱，并且在穿插整个类的层次间规范了一定的一致性。这些一致性是通过某些标准政策确定的，例如，对象的所有权（即谁负责处理对象）。这些新的范式减少了在调用 API 时特殊情况的数量，将允许不同对象使用相同的机制，来让编码更具有效率。

· Foundation 框架的类

Foundation 中类的层次结构是基于 Foundation 框架的 NSObject 类的，Foundation 框架中其他的类包括一些相关的类和一些独立的类，许多相关的类形成了类群 - 抽象类的工作方式就像一把撑开的伞，它的接口对应这些多功能的子类，举个例子，NSString 和 NSMutableString，它们像一个中间人，对不同私有的子类实例以及不同的存储需求提供最优的方案，根据创建字符串使用的方法，返回一个类的最优化实例。

许多这些类都具有联系紧密的功能：

数据存储，NSData 和 NSString 为字节数组提供了面向对象的存储，NSValue 和 NSNumber 为简单的 C 数据数组类型提供面向对象的储存，NSArray、NSDictionary、NSSet 为所有的 Objective-C 对象提供存储。

文本和字符串，NSCharacterSet 用来作用于用 NSString 和 NSScanner 类创建的不同字符串，作用于 NSString 类文本字符串提供搜索、结合和比较字符串的方法，作用于一个 NSScanner 对象用来从 NSString 对象中扫描特定的数字和文字。

时间和日期，NSDate、NSTimeZone 和 NSCalendar 类存储时间和日期并且表现日历信息，它们提供方法来计算不同的时间和日期，NSLocale，提供方法转换时间和日期为多种格式，并且同时根据地理位置矫正时间和日期。

协调工作和计时，NSNotification、NSNotificationCenter、NSNotificationQueue 利用系统使一个对象当它发生改变时通知对它感兴趣的观察者，也可以使用 NSTimer 对象向另一个对象在一个特定的时刻发送消息。

对象的创建及释放，NSAutoreleasePool 被用于实现 Foundation 框架中延迟释放的特点。

对象创建及持久性，一个对象所包含的数据可用 NSPropertyListSerialization 的一种结构独立化（序列化）方式来表示，NSCoder 和它的子类通过允许只存储这个类的数据信息让这个过程更进一步，这个结果将被用于归档。

操作系统服务，NSFileManager 提供一致性的接口用做文件操作（创建、重命名、删除等），NSTread 和 NSProgressInfo 可以创建多线程应用和查询当前应用所运行的环境信息。

URL 加载系统，一系列的类和协议提供了访问普通网络服务的协议，比如 NSURLConnection 和 NSURLSession 等。

如果读者想了解更多 Foundation 框架的详细内容可以访问以下网址：

https://developer.apple.com/library/prerelease/ios/documentation/Cocoa/Reference/Foundation/ObjC_classic/

（3）UIKit 框架（见图 7-37）

UIKit 框架提供了关键的基础工具去架构一款 iOS 应用。该框架提供了去设计一款应用的用户界面窗口和视图空间，响应用户输入信息的事件，以及应用模型在主线程的驱动以及和系统的交互。

图 7-37

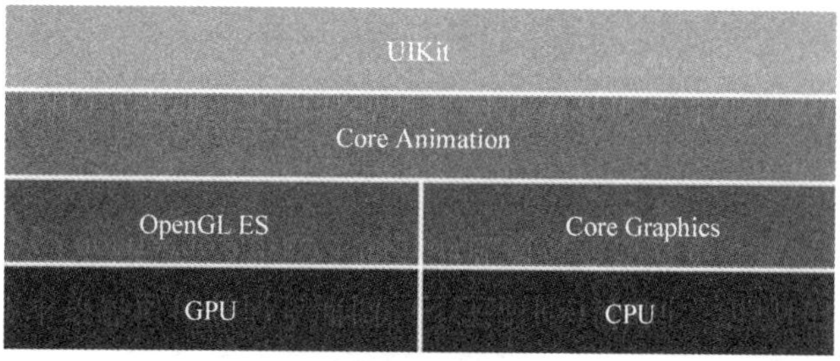

UIKit框架

除了核心的应用行为，UIKit 提供如下支持：

— 视图控制器模型封装用户界面。

— 支持手势和基于运动（摇晃等）的事件。

— 支持一个包含整合了 iCloud 的文档模型。

— 图形和窗口支持，包括支持外部显示器。

— 支持处理应用处于前台和后台的事件。

— 打印支持。

— 支持自定义标准的 UIKit 控件外形。

— 支持文本和网页内容。

— 支持文本剪切、复制和粘贴。

— 支持用户界面内容动效设置。

— 支持在系统通过 URL 配置和框架接口整合其他的应用。

— 对残疾人的辅助功能支持。

— 支持苹果推送服务。

— 支持本地推送。

— PDF 文件生成。

— 支持使用自定义的输入框，比如功能和系统键盘相似。

— 支持自定义和系统键盘有互动的文本视图。

— 支持通过邮件、微博、微信，以及其他相关应用进行内容分享。

除此之外还提供了基本的代码用于搭建应用，UIKit 同样结合设备的特殊功能提供如下支持：

— 内置摄像头。

— 用户相册。

— 设备名和设备模型信息。

— 电量状态信息。

— 传感器信息。

— 从耳机等外部设备获得的控制信息。

注意：大多数情况下，只在主线程上使用 UIKit 类，尤其是涉及 UIResponser 的类或有关应用程序的用户进行界面操作时。

如果想了解更多 Foundation 框架的详细内容可以访问以下网址：

https://developer.apple.com/library/prerelease/tvos/documentation/UIKit/Reference/UIKit_Framework/

思考题

1. 简述 Android 系统框架。

2. 搭建 Android 开发环境需要哪些步骤？

3. 解释 Android 的 Activity 生命周期。

4. 简述 iOS 开发中常用的设计模式。

5. 简述 iOS 核心框架。

6. 比较 Android 开发与 iOS 开发的不同。

第 8 章
商业计划书

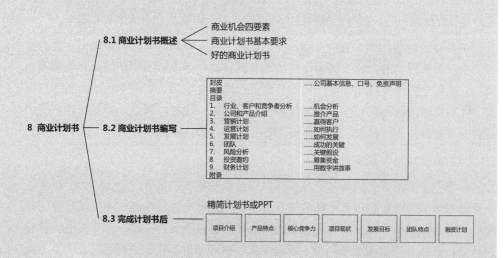

8.1 商业计划书概述
- 商业机会四要素
- 商业计划书基本要求
- 好的商业计划书

8 商业计划书

8.2 商业计划书编写

封皮	……公司基本信息、口号、免责声明
摘要	
目录	
1. 行业、客户和竞争者分析	……机会分析
2. 公司和产品介绍	……推介产品
3. 营销计划	……赢得客户
4. 运营计划	……如何执行
5. 发展计划	……如何发展
6. 团队	……成功的关键
7. 风险分析	……关键假设
8. 投资邀约	……筹集资金
9. 财务计划	……用数字讲故事
附录	

8.3 完成计划书后

精简计划书或PPT

| 项目介绍 | 产品特点 | 核心竞争力 | 项目现状 | 发展目标 | 团队特点 | 融资计划 |

8.1 商业计划书概述

当一个项目已经具备商业机会的"四要素"时，产品设计完整且可操作，技术实现且满足需求，此时创新者可以考虑将项目商品化，那么这个时候，需要通过商业计划书帮助项目融资或推荐。商业机会的四要素包括：

- 它们能为消费者或终端用户创造或增加重要价值。

- 它们能解决某重要问题或满足某重要需求，并且有人为此愿意支付高价。

- 它们有强劲的市场、边际利润和"造钱"特征：规模大、高成长、高边际、现金流强劲且产生得早、高利润潜力、有吸引力的投资者可实现回报。

- 它们在时间和市场维度上与创始人和管理团队"相合"，也与风险回报率"相合"。

商业计划书（Business Plan）是一份全方位的项目计划，它是公司、企业或者项目单位为了达到招商融资或其他发展目标，根据一定格式和内容要求编写的一个面向受众群体、全面展示公司或者项目状况、未来发展潜力的书面材料。商业计划书是获得外部投资的敲门砖，同时也使项目团队更进一步认识项目，增加创业成功率。

一份好的商业计划书的特点是：关注产品、敢于竞争、充分市场调研、有力资料说明、表明行动的方针、展示优秀团队、良好的财务预计、出色的计划概要等几点。它从各个方面展现了商业计划项目的可行性，是项目一切经营活动的蓝图与指南，代表管理团队和项目本身基于风险投资方的第一印象。因此，商业计划书应该做到内容完整、意愿真诚、基于事实、结构清晰、通俗易懂。

（1）商业计划书基本要求

一个专业的投资公司每月会收到数以百计或者更多的商业计划书，为了保证商业计划书能引起潜在投资者足够的注意力，事先要做充分的准备。不同的行业，风险点和运营特点不一样，商业计划书的结构和内容也不是同一的，但是关键要素必须具备，包括：产品和服务介绍、商业模式、市场分析、竞争分析、财务测算、融资需求、团队介绍和风险控制。而且也包括如下基本要求：

- 简洁。一份《商业计划书》最长不要超过 50 页，30 页左右为佳。避免无关内容，开门见山直切主题。

- 完整。要全面披露与投资有关的信息。

- 条理清晰。语言流畅易懂，表达意思精确。

- 呈现竞争优势与投资利益。需呈现具体的竞争优势。

- 呈现经营能力。要尽力展现经营能力和经验背景，对未来运营策略已有完整准备。

- 市场导向：明确利润来自于市场需求。

- 一致：前后基本假设或预期要相呼应，前后逻辑合理。

- 实际：一切数字要客观、实际，切勿主观意愿估计。

（2）好的商业计划书

商业计划书的重要目标就是吸引各种各样的利益相关人，说服他们相信该项目所包含的潜力。在完成计划书的时候时刻想着风险投资家才是目标读者，这样计划书可以写得更简明、更有效。同时商业计划书的主线需要写一个故事，这个故事的关键就是抓住读者（投资人）的注意力。但故事只是基础，计划书需要创造吸引眼球的亮点。在计划书中可以大量使用标题和副标题，有策略地使用列表、图表、表格等，以在计划书中突出重点，提高可读性。

什么是好的商业计划书呢？

— 好的启动计划。启动计划简单易懂、可操作。

— 计划具体且适度。有特定的日期、特定的人负责特定的项目及预算。

— 计划客观。销售预估、费用预算客观准确。

— 计划完整。包括全部的要素，前后关系连接流畅、有逻辑。

8.2 商业计划书编写

尽管因不同的行业，风险点和运营特点不一样等因素，商业计划书的结构和内容不同，但是大多包括如下内容：

```
封皮                    ……公司基本信息、口号、免责声明
摘要
目录
1.行业、客户和竞争者分析    ……机会分析
2.公司和产品介绍           ……推介产品
3.营销计划                ……赢得客户
4.运营计划                ……如何执行
5.发展计划                ……如何发展
6.团队                   ……成功的关键
7.风险分析                ……关键假设
8.投资邀约                ……筹集资金
9.财务计划                ……用数字讲故事
附录
```

- **封皮**

封皮页需要包含公司名称、口号、详细的联系人信息（电话、邮箱等）、日期、免责声明和文本编号。无页码。

- **摘要**

一份好的商业计划书可以使企业明确认识自己，明确奋斗目标，明确管理的各个环节。商业计划书的摘要部分是风险投资商阅读的第一个部分，是敲门砖，摘要也就成了商业计划书终稿中最重要的部分。摘要包括：商机描述、商业概念、行业概述、目标市场、竞争优势、经营模式、盈利模式、团队和投资邀约等。所以建议在计划书加深了解之后，再回过头来完成摘要部分。

摘要的书写有提纲性和陈述性两种。提纲性摘要结构简单，开门见山，一目了然，将每个章节设计的内容进行概括；陈述性就好像讲述一个故事一样，通过描述调动情绪，更适合描述新产品、新市场、新技术等。

摘要篇幅不宜过长，一般建议不要超过 2 页。页码为 1、2。

目录

为了使商业计划书清晰可读，建立一个详细的目录十分重要。目录包括一、二、三级标题，建议最多到三级标题。如果图表较多，可以附加图表目录。目录页码为 I、II、III。

1. 行业、客户和竞争者分析

通过充分的调研，目的在于说明发现的"商业机会"是否构成机会，市场有多大，为什么必须抓住；通过统计分析，明确市场空间和在此空间的目标客户；了解用户的需求特征，分析对比竞争者对特征需求的应对，反映现今产品系列的缺口，描述竞争优势。

（1）行业分析

分析所在行业及其细化市场的规模、增长情况、主要企业、发展趋势等。

（2）客户分析

明确客户人群特征，注明心理特征及销售计划的阻碍。可以通过数据表格详细描述客户，增加吸引力并一目了然。

（3）竞争者分析（见表8-1）

在明确的细化市场中，描述客户需求并找到关键因素。通过与竞争者的矩阵对比，反映与竞争对手的优势及当前产品缺口。

表 8-1　竞争态势矩阵

内容	竞争者 A	竞争者 B	竞争者 C	本产品
质量				
服务				
效率				
……				

（通常，大学生的创新项目还可以包括国内外现状及发展趋势、现有技术发展趋势等。）

2. 公司和产品介绍

在客观理性的行业分析后，才可以准确介绍公司和商业概念。有数据支撑、简明扼要的描述可以加深印象。阐明产品优势、竞争优势、有说服力的入市战略、可持续的增长战略，通过介绍推介产品。撰写时要注意与第三部分的衔接，要让营销计划有效支持入市及增长策略。

（1）公司简介

基本情况、宗旨和目标、发展历史和现状、项目进展和展望、知识产权等。

（2）产品介绍

产品的服务描述、规划及开发等。

（3）竞争优势

产品质量、性能、价格、占有率、服务等。

（4）入市战略

判定"一级目标受众"，阐明如何进入行业、如何生存、如何建设客户群、如何完善商业模式等，并验证存活力。

（5）发展战略

为追逐"二三级目标受众"提出有效的战略策略，如资金流提供动力，市场认同获得融资等。

（在大学生的创新项目中，还可以包括技术论述、技术基础、技术方案、产品构成、生产方案等。）

3. 营销计划

通过分销渠道、定价、广告计划等详细的计划，建立可信度，并表现该产品可以成功进入市场并占领市场的潜力，展现如何赢得客户。通过图表保证细节的准确性，掌握开支。

（1）目标市场战略

从目标市场分析获取信息，合理定位产品。合理论证理性购买和感性购买。

（2）产品 / 服务战略

介绍产品如何区别于竞争者，整体概念、品牌策略、产品包装等。通过服务、技术支持、升级、质量保证等方式留住客户。

（3）价格战略

描述定价目标、定价步骤。彻底调研市场，根据竞争者目前的产品和自身产品定位合理定价。

（4）分销战略

了解赢得客户所需成本，研究客户现有获取产品的渠道和方法，分析影响分销的因素，制定可行的基本分销策略，并最终赢得客户。

（5）广告及推广

确立多管齐下的广告和宣传战略，创建细目表，确定何时采取何种渠道及对应成本。最终实现与客户的高效沟通。

（6）销售战略

清晰展示需要投入的人力资本类型和程度，表明对运营的深刻理解。

（7）销售和市场预测

跟踪掌握竞争者，分析业务模型差异，通过比较法和累积法预测影响力。

（也可以从 4 个传统方面入手详述营销策略：产品（Product）、价格（Price）、地点（Place）和促销（Promotion），即"4P"战略）

4. 运营计划

运营计划的关键在于阐述公司在应用中存在的竞争优势，以及公司的运营如何给客户带来更多的价值。同时详细描述生产周期，估算对运营资本的影响。对于一个创新企业而言，需要重视资金转换循环周期（Cash Conversion Cycle，CCC）。

（1）运营战略

提供策略概况，强调竞争优势并阐述如何在成本、质量、时间、灵活度等方面取胜。

（2）运营范围

描述产品或服务的生产过程，与经销商、供货商、合作伙伴的合作关系。

（3）日常运营

每天生产投入、营业周期概况、用工方案等。

5. 发展计划

通过详细的时间表描述销售前的准备过程。

（1）发展战略

规划完成目标所需要的工作和要素，了解和管理开发过程中遇到的风险。

（2）发展时间表

注明标志性阶段目标的预期进度表。

（虽然标准的商业计划书格式中，运营方案和发展计划通常篇幅较短，但尤其值得关注。）

6. 团队

专业的投资人在看完计划书的摘要部分后，往往直接看"团队"部分。所以，要在计划书中写明团队每一个成员的关键职责，并表现得非常优秀。

（1）基本情况

可以通过简历的方式介绍主要成员的姓名、性别、年龄、文化程度、技术职称及在项目中承担的主要任务。

（2）组织结构

未来项目进行中的组织结构图、部门功能、作用职责、部门负责人等。初期企业的部门设置避免太多管理层次，一般3个管理层次足够。组织结构的目的之一是有效有序的分工和协作。

7. 风险分析

任何事情都有风险，关键不是要消灭风险，而是要把风险降到最低。提前预判发展过程中可能出现的风险，并提出策略和措施降低风险。

（1）风险因素

客观分析技术风险、市场风险、财务风险、管理风险、行业风险等。

（2）策略措施

提出降低风险的相应措施。

（部分计划书中将风险与措施整合描述，如技术风险与对策、市场风险与对策等。）

8. 投资邀约

计划书的主要目的之一是寻求和获得融资。创业者不仅要明白自己需要多少资金，还需要知道如何使用这些资金以达到阶段性发展目标。"资金来源与使用表"能清晰有效地说明资金需要。资金来源部分详细描述所需资金及融资形式，资金使用部分详细描述资金如何使用，参考样式表 8-2。一般来说资金要足够支撑 12~18 个月运营。

表 8-2　资金来源与使用表

来源	使用

9. 财务计划

商业计划书中绝大部分内容只是对商业机会及如何实现的文字和图像描述。财务计划的部分是这些表述的数字表达。营收的增长体现乐观前景，支出表明推送产品或服务所需要的成本。现金流量表是对潜在问题的预警，资产负债表体现将生产与销售落实到位所需要的资源。清晰、精确、有逻辑和有根据的财务预算是赢得投资的最重要因素。

损益预测表：反映企业在一定时期内的盈利和亏损情况，可以提前了解每月或每年的公司盈利情况。这些预测一般以每月的销售收入、成本和费用作为依据，涉及的主要指标见表 8-3。

表 8-3　损益预测表参考样式

	第 1 年	第 2 年	第 3 年	第 4 年	第 5 年
销售收入					
销售成本					
销售费用					
销售税金及附加					
销售利润					
管理费用					
财务费用					
营业外其他收支					
利润总额					
所得税					
净利润					

资产负债预测表：根据"资产＝负债＋所有者权益"的平衡公式，依据一定的分类标准和次序，反映企业在某一个特定日期的全部资产、负债和所有者权益情况，是企业经营活动的静态体现。以当前实际资产负债表和全面预算中的其他预算所提供的数据作为依据，反映企业预算期末财务状况的总括性预算。资产负债表参考样式见表 8-4。

表 8-4 资产负债预测表参考样式

	第 1 年	第 2 年	第 3 年	第 4 年	第 5 年
流动资金					
货币资金					
短期投资					
应收票据					
应收账款（减坏账准备）					
预付账款					
其他应收款					
存货					
待摊费用					
其他流动资产					
流动资产总计					
长期投资					
固定资产					
在建工程					
无形及递延资产					
无形资产					
递延资产					
资产合计					
流动负债					
短期借款					
应付票据					
应付账款					
预收账款					
其他应付款					
应付工资					
应付福利费					
未交税金					
未付利润					
预提费用					
流动负债总计					
长期负债					
长期借款					
长期应付款					
其他长期负债					
所有者权益					
实收资本					
资本公积金					
盈余公积金					
未分配利润					
所有者权益综合					
负债及所有者权益					
合计					

现金流量预测表：反映企业在一定时期内现金收入和现金支出的变化情况。预测企业盈利质量，决定企业的市场价值和竞争力。一般来说，企业财务状况越好，现金净流量越多，所需融资资金越少。现金流量预测表参考样式见表 8-5。

表 8-5　现金流量预测表参考样式

	第 1 年	第 2 年	第 3 年	第 4 年	第 5 年
现金流入					
产品销售收入					
回收固定资产余值					
回收流动资金					
现金流出					
固定资产投资					
流动资金					
经营成本					
销售税金及附加					
所得税					
净现金流量					
累计净现金流量					

附录

对商业理念有帮助的证明，因放在主要内容不合适或篇幅略长，可以放在附录中。附录一般可以包括主要团队成员简介（一页）、媒体报道、技术参数等。

（部分商业计划书正文部分中还包括产品知识产权和资金退出策略。）

 8.3　完成计划书后

在完成计划书后可以整理一份 5~10 页的精简计划书，或者一个 PPT 文件。重新检查商业计划书的核心内容，并精炼简化，最终总结让投资者记住的"一点"是什么。制作 PPT 是一件非常有价值的工作，它可以迫使你形象化地思考眼前这次商业机遇。本着"字不如表、表不如图"的原则，避免文字堆积，制作简介但有说服力的 PPT。PPT 的内容可以包括：

范例 1：

- 项目介绍；

- 产品特点；

- 产品的核心竞争力；

- 项目现状；

- 未来 1 年的发展目标；

- 未来 3 年的发展目标；

- 创始团队特点；

- 项目融资计划。

范例 2：

- 机会描述，强调希望解决的客户问题或客户需求；

- 产品或服务品种，图示如何解决用户问题；

- 竞争概述；

- 入市和增长策略描述，说明如何使公司进入行业市场并取得增长；

- 经营模式概述，说明如何盈利，以及为实现销售所需支出的成本；

- 团队介绍；

- 发展年表和现状；

- 资金需求及如何利用这些资金。

思考题

1. 什么是商业计划书，一份好的商业计划书有哪些特点？

2. 简述商业计划书的基本要求。

3. 商业计划书结构如何，需要包括哪些章节，并简述各章节的目的。

4. 解释：损益预测表、资产负债预测表、现金流量预测表。

5. 完成商业计划书后还需要做哪些工作？目的是什么？

CHAPTER

9

第9章
创新创业实践项目

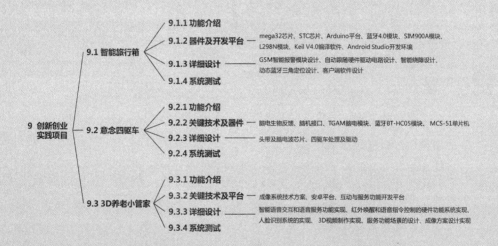

9 创新创业实践项目

9.1 智能旅行箱
- 9.1.1 功能介绍
- 9.1.2 器件及开发平台 —— mega32芯片、STC芯片、Arduino平台、蓝牙4.0模块、SIM900A模块、L298N模块、Keil V4.0编译软件、Android Studio开发环境
- 9.1.3 详细设计 —— GSM智能报警模块设计、自动跟随硬件驱动电路设计、智能绕障设计、动态蓝牙三角定位设计、客户端软件设计
- 9.1.4 系统测试

9.2 意念四驱车
- 9.2.1 功能介绍
- 9.2.2 关键技术及器件 —— 脑电生物反馈、脑机接口、TGAM脑电模块、蓝牙BT-HC05模块、MCS-51单片机
- 9.2.3 详细设计 —— 头带及脑电波芯片、四驱车处理及驱动
- 9.2.4 系统测试

9.3 3D养老小管家
- 9.3.1 功能介绍
- 9.3.2 关键技术及平台 —— 成像系统技术方案、安卓平台、互动与服务功能开发平台
- 9.3.3 详细设计 —— 智能语音交互和语音服务功能实现、红外唤醒和语音指令控制的硬件功能系统实现、人脸识别系统的实现、3D视频制作实现、服务功能场景的设计、成像方案设计实现
- 9.3.4 系统测试

9.1 智能旅行箱（见图 9-1）

图 9-1

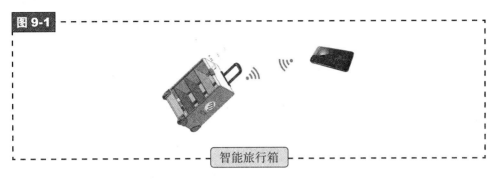

智能旅行箱

第十四届"挑战杯"全国大学生科技竞赛"智慧城市"专项赛一等奖

（已注册成立北京麦麦琦智能科技有限责任公司）

9.1.1 功能介绍

从苹果、谷歌到 BAT，互联网企业进军智能硬件市场已经成为风潮。移动互联的"智能"应用模式方兴未艾，开始进入到箱包领域，环顾全球，国外的 Bluesmart、Trunkster、Samsonite、Andiamo 纷纷向智能箱包领域进军，包括电信运营商和航空公司也联合加入到这场智能箱包的浪潮中。从中国行业研究网提供的数据可以看见 2014 年中国拉杆式旅行箱的市场容量已达 80 亿，庞大的数字带来的是国内消费者与日俱增的旅行箱需求，同时也对可跟随、距离报警、智能充电的智能旅行箱充满期待。

本项目将 3 个蓝牙信号传感器安装在一个特制的旅行箱里面，它们通过蓝牙信号与使用者的智能手机匹配，获取智能手机所在的角度和方位，然后通过一个微型处理器计算出使用者当前所在位置，并一直与使用者保持距离。箱底的轮子可以在处理器信号的驱动下运作，带动箱子移动。在"跟随"的同时，增加距离报警、充电等辅助功能。主要功能如下：

1）智能防盗报警功能：通过传感器与单片机系统建立连接，当有不法分子非法破坏或者盗窃旅行箱时，单片机系统发送 AT 指令到 SIM900 模块，SIM900 向用户手机发送报警信息，从而实现防盗报警的目的。

2）自动智能跟随功能：通过动态蓝牙三角定位技术，让用户手机检测位于旅行箱上的 3 个蓝牙模块的 RSSI 值，确定智能旅行箱与手机的相对位置，将手机的相对角度信息发送到单片机系统，单片机系统控制电动机实现转弯、直行、停止等技术动作来追踪用户的手机，以达到自动智能跟随的目的。

3）智能绕障：通过安装在智能旅行箱上的红外传感器检测路面状态，将障碍信息反馈到主单片机。单片机系统根据信息执行绕障程序，避开障碍物。

智能旅行箱总体的硬件模块设计（见图9-2）包括 Mega32 主单片机系统（arduino 单片机）、红外线传感器、GSM 电路模块、通信定位传输模块、蓝牙三角定位模块、电源供电模块、L298N 电动机驱动组件、霍尔传感器等。

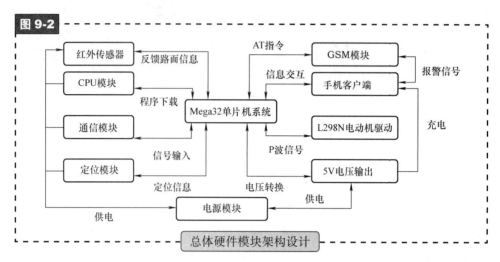

图 9-2　总体硬件模块架构设计

电源模块为整个单片机硬件系统模块供电，保障各个模块的正常工作；主单片机系统作为中央处理器，负责处理各个模块传输的信息同时根据烧写在芯片内部的程序发出指令，控制整个系统的运行；通信模块为一个蓝牙模块，传送数据采用串口通信方式，负责连接手机客户端与主单片机系统的信息交流；定位模块为 3 个安装在特定位置的蓝牙 4.0 模块，作为信标节点，通过检测 RSSI 值计算目标节点手机蓝牙信号的距离进而来确定手机的位置；GSM 模块为智能报警系统模块，通过检测危险信号启动报警程序，同时发送 AT 指令到 SIM900，通过 SIM900 发报警信息到用户手机，达到旅行安全、智能报警的目的；L298N 电动机驱动模块负责接收主单片机系统发送来的 P 波信号，根据不同的 P 波值输出不同的电压信号到直流电动机，控制车轮的行走速度和转向以及制动，达到智能行走的目的；红外传感器检测路面状况，如果检测出障碍物则返回有效数字信号，由主单片机系统接收信号并控制旅行箱进行绕障；手机客户端为独立于旅行箱的外围构件，作为目标节点，同时也是用户操作和人机交互的平台。

▶▶ 9.1.2　器件及开发平台

（1）mega32 芯片（见图9-3）

ATxmega32A4U 是 ATMEL 推出的新一代 MCU，具有 5 个 16 位 TC，5 个串口，2 个 TWI，2 个 SPI，1 个 12 通道 12bit 2Msps（每秒采样 200 万次）模数转

换器和 1 个 2 通道 12bit、1Msps 的数模转换器，并新增了一个 USB 2.0 全速 Device 接口，可以通过 USB 供电。

由于 mega32 的强大性能和丰富的数字信号输出输入口与模拟信号输出输入口，可以满足蓝牙通信、红外传感器高低电平感应、电动机 P 波输出等信号传输。因此，本项目选取 mega32 芯片为系统核心控制芯片。

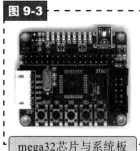

图 9-3

mega32芯片与系统板

（2）STC 芯片（见图 9-4）

STC89C52RC 是 STC 公司生产的一种低功耗、高性能 CMOS8 位微控制器，具有 8KB 系统可编程 Flash 存储器。STC89C52 使用经典的 MCS-51 内核，但做了很多的改进使得芯片具有传统 51 单片机不具备的功能。在单芯片上，拥有灵巧的 8 位 CPU 和在系统可编程 Flash，使得 STC89C52 为众多嵌入式控制应用系统提供灵活、有效的解决方案。这些强大的配置和功能让它可以帮助该项目实现很多功能并和编程实现。

图 9-4

	PDIP-40	
T2/P1.0 — 1		40 — VCC
T2EX/P1.1 — 2		39 — P0.0/AD0
P1.2 — 3		38 — P0.1/AD1
P1.3 — 4		37 — P0.2/AD2
P1.4 — 5		36 — P0.3/AD3
P1.5 — 6		35 — P0.4/AD4
P1.6 — 7		34 — P0.5/AD5
P1.7 — 8		33 — P0.6/AD6
RST — 9		32 — P0.7/AD7
RXD/P3.0 — 10		31 — $\overline{EA}$
TXD/P3.1 — 11		30 — ALE/PROG
$\overline{INT0}$/P3.2 — 12		29 — $\overline{PSEN}$
$\overline{INT1}$/P3.3 — 13		28 — P2.7/A15
T0/P3.4 — 14		27 — P2.6/A14
T1/P3.5 — 15		26 — P2.5/A13
$\overline{WR}$/P3.6 — 16		25 — P2.4/A12
$\overline{RD}$/P3.7 — 17		24 — P2.3/A11
XTAL2 — 18		23 — P2.2/A10
XTAL1 — 19		22 — P2.1/A9
VSS — 20		21 — P2.0/A8

STC芯片引脚图

本项目使用 STC 芯片作为报警系统的控制芯片，利用串口通信发送 AT 指令到 SIM900 模块，实现与手机的连接和报警通信功能。

（3）Arduino 开源硬件平台

Arduino，是一个开放源代码的单芯片微控制器，它使用了 Atmel AVR 单片机，采用了开放源代码的软硬件平台，构建了简易输出 / 输入（simple I/O）界面板，并且具有使用类似 Java、C 语言的 Processing/Wiring 开发环境。

本项目使用 Arduino 单片机来控制和处理信号的输出输入、蓝牙模块的通信、电动机 P 波输出等，用于控制旅行箱的行走速度、转向停止等技术动作。

（4）蓝牙 4.0 模块

蓝牙 4.0 是 Bluetooth SIG 于 2010 年 7 月 7 日推出的新的规范，其最重要的特性是支持低功耗；最新的蓝牙 4.0 模块支持两种部署方，分别是双模式（DOUBLE）和单模式（SINGLE）。将技术集成在硬件系统中，相对来说节约成本是 DOUBLE 模式的一大特点。SINGLE 模式则主要针对于集成度高的硬件模块设备。

本项目利用蓝牙 4.0 模块作为三角定位算法中的信标节点，基于其 RSSI 值产生三角定位距离，通过算法得到目标节点位置。

（5）SIM900A 模块（见图 9-5）

SIMCom 推出新款紧凑型产品——SIM900A，它属于双频 GSM/GPRS 模块，完全采用 SMT 封装形式。SIM900A 仅适用于中国市场，其性能稳定，外观精巧，性价比高。该模块采用工业标准接口，工作频率为 GSM/GPRS 900/1800MHz，可以低功耗实现语音、SMS、数据和传真信息的传输。另外，SIM900A 的尺寸大小为 24mm × 24mm × 3mm，能适用于 M2M 应用中的各类设计需求，尤其适用于紧凑型产品设计。

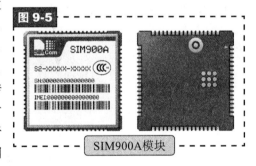

图 9-5　SIM900A模块

本项目使用 SIM900A 模块连接硬件报警系统与用户手机，通过接受 AT 指令给用户手机发送报警信息。

（6）L298N 电动机驱动电路模块（见图 9-6）

L298N 是 ST 公司一种高电压、大电流电动机驱动芯片，其中最高工作电压可达 46V，持续工作电流为 2A，瞬间峰值电流更是可达 3A。该芯片内含两个 H 桥的高电压大电流全桥式驱动器，可以直接驱动两个直流电动机。

本项目所设计智能旅行箱需要两个直流差速电动机来控制转向，所以选择 L298N 电动机驱动电路模块。

（7）Keil V4.0 编译软件（见图 9-7、图 9-8）

Keil uVision 是美国 Keil Software 公司出品的 51 系列兼容单片机 C 语言软件开发

系统，使用接近于传统 C 语言的语法来开发，与汇编相比，C 语言在功能上、结构性、可读性、可维护性上有明显的优势，而且大大地提高了工作效率和项目开发周期。

图9-6

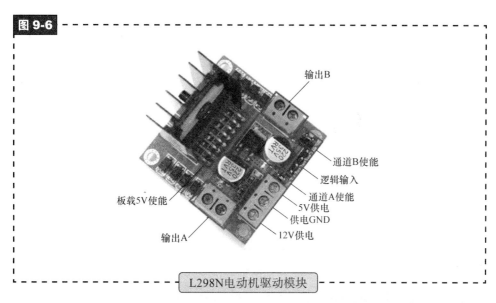

L298N电动机驱动模块

图9-7

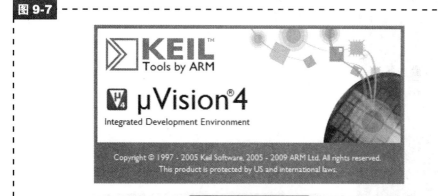

Keil V4.0初始化界面

Keil V4.0 针对 ARM 器件可以实现良好的编程、编译、纠错、调试等操作，使用方便简单，利于开发人员使用。本项目中使用 C 语言，在 Keil V4.0 开发系统上完成报警系统模块 STC 芯片的编译。

（8）Android Studio（见图 9-9）

Android Studio 是一个为 Android 平台开发程序的集成开发环境。2013 年 5 月 16 日在 Google I/O 上发布，可供开发者免费使用。2013 年 5 月发布早期预览版本，版本号为 0.1。2014 年 6 月发布 0.8 版本，至此进入 beta 阶段。第一个稳定版本 1.0

图 9-8

Keil V4.0运行界面

图 9-9

Android Studio运行调试界面

于 2014 年 12 月 8 日发布。Android Studio 基于 JetBrains IntelliJ IDEA，为 Android 开发特殊定制，并在 Windows、OS X 和 Linux 平台上均可运行。

本项目使用 JAVA 语言，在 Android Studio 开发环境下完成智能旅行箱移动 APP 客户端软件的开发与调试，以及蓝牙扫描算法与蓝牙三角定位算法等算法实现。

（9）Altium Designer

Altium Designer 是原 Protel 软件开发商 Altium 公司推出的一体化的电子产品开

发系统，主要运行在 Windows 操作系统。这套软件通过把原理图设计、电路仿真、PCB 绘制编辑、拓扑逻辑自动布线、信号完整性分析和设计输出等技术的完美融合，为设计者提供了全新的设计解决方案，使设计者可以轻松进行设计，熟练使用这一软件必将使电路设计的质量和效率大大提高。目前最高版本为 Altium Designer 16.1.12。

本项目使用 Altium Designer 绘制部分电路的原理图以及 PCB 电路板，以实现特定的硬件功能。

▶▶9.1.3 详细设计

（1）GSM 智能报警模块设计

- **原理图与 PCB 设计（见图 9-10）**

作为新时代的旅行工具，安全性无疑是非常重要的，为此项目所设计的智能旅行箱也包含了智能安全报警系统。该模块采用 STC 芯片为编程控制芯片，利用芯片的串口通信功能，将其与 GSM 模块 SIM900 进行数据连接，通过给芯片写入程序，使其给 GSM 模块发送 AT 指令，控制安装有 SIM 卡的 GSM 模块发送信息达到报警目的。

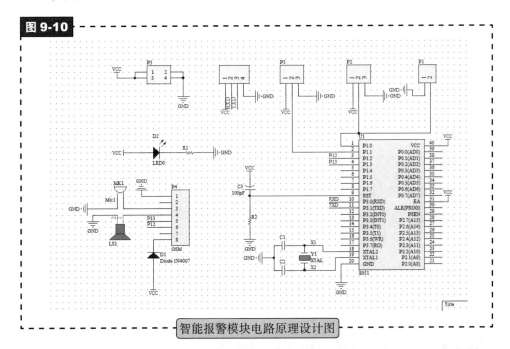

图 9-10

智能报警模块电路原理设计图

本项目使用 Altium Designer 软件进行电路原理图的绘制和 PCB 电路图的制作。首先对模块的逻辑功能进行分析，针对各个状态逐一进行分析，得到状态转换表，而后根据状态表列出电路驱动方程和状态方程，从而确定使用的电子元器件，利用软件设计出原理图进而进行布线，画出 PCB 设计图，如图 9-11 所示。

图 9-11

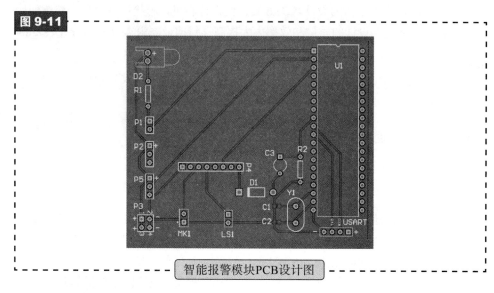

智能报警模块PCB设计图

- **模块运行流程**（见图 9-12）

当智能旅行箱受到破坏或者被偷盗时，安装在旅行箱上的传感器将会被触发，将单片机电路板的 P.1 口置为 0，单片机内程序检测到这一变化后开始执行报警程序，报警程序的启动将会给 GSM 模块（SIM900）发送 AT 指令，GSM 模块受到报警信号后在 10s 内向手机发送报警信息，提醒用户智能旅行箱受到非法移动或者破坏，避免造成用户的财产损失。

图 9-12

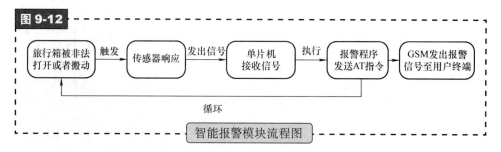

智能报警模块流程图

- **硬件程序与实现方法**

在 Keil V4.0 平台上完成代码实现，程序编写完成后进行编译生成烧录文件，最后通过硬件程序烧写软件通过串口通信将程序烧写到芯片中。基于 GSM 模块实现报警信息的 SEND 有两种模式，分别是文本文档模式和 PDU 编码模式，我们使用的是 PDU 模式，下面进行关键程序段分析：

```
printf2（"AT+CMGF=0\r\n"）;
delay_ms（500）;
```

"AT+CMGF=0"表示配置发送模式为 PDU 模式，由于 GSM 模块只能接收 AT 指令，故在程序中用 printf2 函数输出 AT 指令给模块相关的寄存器。

```
printf2（"AT+CMGS=37\r\n"）;
delay_ms（500）;
```

"AT+CMGS=37\r\n"用于设定短信字节长度，为下面字符串中 F0 后的字节数。

```
printf2（"0891683108100005F011000D91683116213243F70008A7164E3B4EBA6CE8610F4E86
FF0C67094EBA52A84E866211"）;
UART_2SendOneByte（0x1a）;
```

printf2 后括号内即为 PDU 模式下的短信发送信息，使用的是 unicode 转码，分别包含了中心号码，目标电话号码和短信内容，设定的短信转化为中文是："主人注意了，有人动了我"。

（2）自动跟随硬件驱动电路设计

- **双直流电动机动力驱动设计**

本项目设计的智能旅行箱需要满足直行、转弯、后退、停止等动作要求，以达到自动跟随的功能目的。在不影响功能实现的前提下，为了节约成本和降低硬件机械复杂程度，本项目设计使用了双直流差速电动机来满足上述要求。

- **L298N 驱动电路模块**（见图 9-13）

工作电压高，最高工作电压可达 46V；输出电流大，瞬间峰值电流可达 3A，持续工作电流为 2A；内含两个 H 桥的高电压大电流全桥式驱动器，可以用来驱动直流电动机和步进电动机、继电器、线圈等感性负载；采用标准逻辑电平信号控制；具有两个使能控制端，在不受输入信号影响的情况下允许或禁止器件工作有一个逻辑电源输入端，使内部逻辑电路部分在低电压下工作；并且可以外接检测电阻，将变化量反馈给控制电路。使用 L298N 驱动电动机，该芯片可以驱动两个二相电动机，也可以驱动一个四相电动机，可以直接通过电源来调节输出电压。

L298N 的主要引脚功能如下：

—— +5V：芯片电压 5V；

—— VCC：电动机电压，最大可接 50V；

—— GND：共地接法；

—— Output1、Output2：输出端，接电动机 1；

—— Output3、Output4：输出端，接电动机 2；

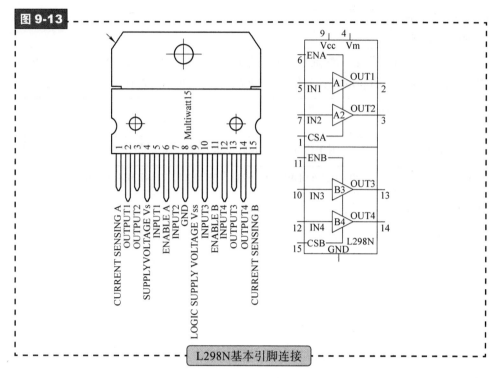

图 9-13

L298N基本引脚连接

— EN1、EN2：两个使能端，高电平有效触发工作，EN 使能端一、EN 使能端二分别为 IN 输入口一和 IN 输入口二、IN 输入口三和 IN 输入口四的使能端；

— Input1~ Input4：分别表示了单片上的 4 个输入口。

• 电动机控制过程

图 9-13 中 IN1、IN2、IN3、IN4 接收脉冲信号。L298N 的第一引脚和第十五引脚分别是两个信号输出端，单独接入了电路模块中，起到了信号发生源的作用。OUT1、OUT2 和 OUT3、OUT4 之间可分别接电动机的一相。5、6、11、13 引脚接输入数字信号，控制模块电动机的运行状态。ENA、ENB 控制使能端，控制电动机的停转。

表 9-1 电动机控制逻辑功能表

电动机	旋转方式	控制端 IN1	控制端 IN2	控制端 IN3	控制端 IN4	输入 PWM 信号改变脉宽可调速 调速端 A	调速端 B
M1	正转	高	低	/	/	高	
	反转	低	高	/	/	高	
	停止	低	低	/	/	高	
M2	正转	/	/	高	低	/	高
	反转	/	/	低	高	/	高
	停止	低	低	/	/	/	高

电动机控制逻辑功能表见表 9-1。L298N 电动机驱动模块原理如图 9-14 所示。

控制电路模块的 P 波输出，即可达到控制电动机运行速度的目的。即在加速过程中，让 P 波的输出周期变短即可；在减速过程中，使 P 波的输出频率逐渐减少。

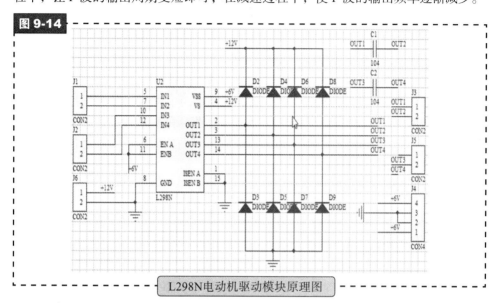

图 9-14

L298N电动机驱动模块原理图

双直流差速电动机即采用两个直流电动机来作为动力装置，利用对左右电动机不同的 P 波赋值，可以使得两电动机速度实现差异化，即可实现差速转向的功能，同时也可满足直行、后退、停止等技术动作。结合单片机的软件定位系统，可以实现电动机的智能运转从而达到智能跟随的效果。

（3）智能绕障设计

通过在旅行箱外围安装红外传感器（见图 9-15）或者光电传感器检测路面状态，如果发现前面有障碍物则执行绕障程序，避开障碍物，避免用户的财产损失。这也是智能旅行箱必不可缺少的一项功能设计。

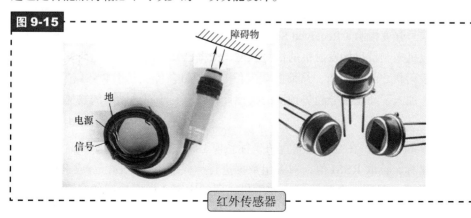

图 9-15

红外传感器

红外反射式传感器主要利用物体的对红外线光束遮光或反射，该传感器可以发射红外线，并检测红外线是否被反弹回来。因为内部已经集成了放大、滤波等电路，使用起来非常方便。传感器有 3 个引脚，分别是电源、地和信号。在一定距离限制内，在没有不明物体的情况下，从发射端输出的电子信号，因为发送的距离越远而逐渐衰减，最后消失。如果有障碍物，红外线遇到障碍物，被反射到达传感器接收头。外置器件检测到这一信号，就可以确认正前方有不明物体，并反馈数字信号送给单片机，单片机对返回的信号做出判断，协调智能旅行箱其他硬件电路结构，完成躲避障碍物动作。如图 9-16 所示，绕障系统通过不断地检测路面状态来确定前方是否有障碍物的存在，一旦发现障碍物，就会启动绕障程序避开障碍物。此功能的实现，在很大程度上提升了智能旅行箱的智能化程度也减轻了用户的使用难度，减轻旅行负担。

图 9-16

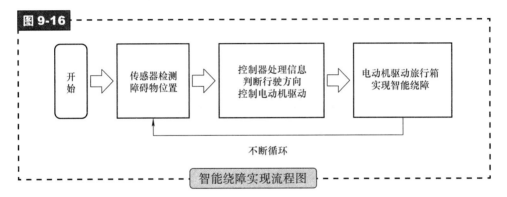

智能绕障实现流程图

（4）动态蓝牙三角定位设计

- **动态蓝牙三角定位技术算法设计**

在本项目中，蓝牙三角定位技术的应用与修正是关键性技术之一，此算法建立在 3 个信标节点与一个运动目标节点的硬件基础之上，是理论技术在实际中的应用尝试与研究。

接收信号强度指示（Received Signal Strength Indicator，RSSI）测距是利用已知位置的接收机来测量目标发射机的信号强度，根据已知信道衰减模型及发射信号值来估算收发射机之间的距离，从而实现定位。本项目在传统基于 RSSI 值的三角定位基础上，加入了动态微分趋势预测的模型计算，有利于对运动中的物体进行精准定位。

如图 9-17 所示，在空间建立直角坐标系模型，根据三角定位原理，已知蓝牙模块位置坐标，读取 RSSI 值，对多组数据进行加权平均处理后，对应 RSSI 与距离之间的关系，得到 3 个蓝牙模块和手机之间的距离（即图中圆的半径）r_1、r_2、

r_3，三个信号模拟球体相交得到三个垂直于水平面的圆，三个圆投影到水平面得到三条直线，这三条直线相交于一点 S。对不同时刻的 S 进行分析（见图 9-18）：此刻目标节点的位置位于 S 处，之前目标节点的位置分别为各个 S′、S″ 为干扰量可以忽略，图中曲线为目标节点的运行轨迹。则目标节点的运动趋势为近似于 $Y=ax+b$ 这条直线，根据各个 S′ 的分布求出 $Y=ax+b$ 表达式导数 a 的值，则此时目标节点的偏转角度应为 arctan（a），将此计算量转化为电动机的偏转角即可达到跟随的目的。由于软件扫描各个蓝牙 RSSI 值的速度非常快，所以在较短时间内即可得到多组 S′ 的坐标位置，对其进行排干扰处理后，即可得到每一时刻的偏转角 arctan(a)，由于这是对多个数据处理后的结果，避免了单个数据的巨大误差影响，提高了定位的准确性。

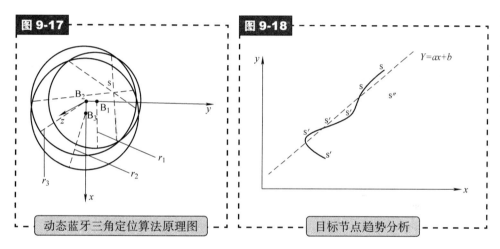

图 9-17 动态蓝牙三角定位算法原理图

图 9-18 目标节点趋势分析

计算理论公式：

$$r_2{}^2 - Y_S{}^2 - X_S{}^2 = Z_S{}^2 \tag{9-1}$$

$$r_1{}^2 - (Y_S - Y_{B1})^2 - X_S{}^2 = Z_S{}^2 \tag{9-2}$$

$$r_3{}^2 - Y_S{}^2 - (X_S - X_{B3})^2 = Z_S{}^2 \tag{9-3}$$

$$X_S = \frac{r_2{}^2 - r_1{}^2 + Y_{B1}{}^2}{2Y_{B1}} \tag{9-4}$$

$$Y_S = \frac{r_2{}^2 - r_3{}^2 + X_{B3}{}^2}{2X_{B3}} \tag{9-5}$$

将多组目标节点汇总可以得到：

$$a = \frac{d(Y'_{1S+} + Y'_{2S} + Y'_{3S} + Y'_{4S} + Y'_{5S} + Y'_{6S} + \cdots)}{dX_S} \tag{9-6}$$

显然，电动机此刻偏转角为 arctan（a）。

- **动态蓝牙三角定位硬件系统**

本项目选取 3 个蓝牙 4.0 模块作为信标节点，手机蓝牙信号作为目标节点，通过检测手机与 3 个蓝牙 4.0 模块的 RSSI 值得到相应距离，再通过算法计算出 3 个信标节点的移动规律与位置（即智能旅行箱的位置），达到移动过程中的精准定位。由图 9-19 可以清楚看出 3 个蓝牙模块即信标节点与目标节点的关系。3 个蓝牙模块是本设计中信息沟通的关键所在，也是硬件电路设计中最重要的一部分。

图 9-19

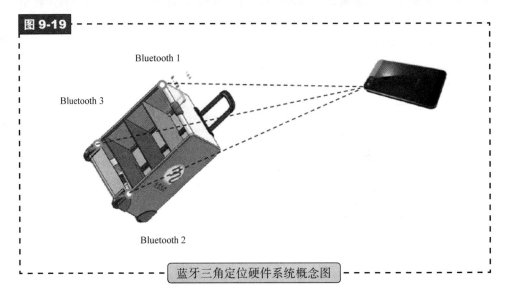

Bluetooth 1

Bluetooth 3

Bluetooth 2

蓝牙三角定位硬件系统概念图

（5）客户端软件设计

手机端实现连接、报警等功能，考虑推广及设计成本，本项目选用安卓开发平台。

- **界面设计**

为方便人机交互，设计中对界面采取跳转设计，其中主界面中可以让用户输入连接指令，如图 9-20 所示。

点击建立连接，如果连接成功，即可进入主界面，如果连接失败，返回连接失败，此时需要检查蓝牙是否正常工作，如图 9-21 所示。

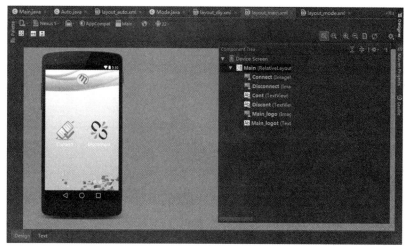

APP客户端主界面设计图

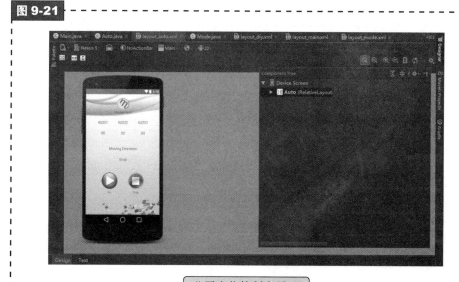

蓝牙定位控制主界面

进入主界面后，主界面有控制按钮可以控制单片机的启动与终止。在运行过程中 3 个蓝牙模块的 RSSI 扫描值将会显示在主界面上。同时智能旅行箱的运行状态也会显示在智能旅行箱上，方便用户对信息的掌控。

以下为界面设计参考代码：

```
<RelativeLayout xmlns:android="http://schemas.android.com/apk/res/android"
    xmlns:tools="http://schemas.android.com/tools" android:layout_width="match_parent"
  android:layout_height="match_parent"
android:paddingLeft="@dimen/activity_horizontal_margin"
  android:paddingRight="@dimen/activity_horizontal_margin"
  android:paddingTop="@dimen/activity_vertical_margin"
  android:paddingBottom="@dimen/activity_vertical_margin" tools:context=".Main"
  android:id="@+id/Main"
  android:background="@drawable/back">
```

- **通信模块与 RSSI 扫描**

由于必须同时与 3 个蓝牙模块进行通信和 RSSI 值的读取，所以本项目借用手机蓝牙信号来扫描 3 个蓝牙模块的方法进行 RSSI 值的读取。

主要代码如下：

```
public void connect（）{
    myadapter = BluetoothAdapter.getDefaultAdapter（）;
    BluetoothDevice bluedevice = myadapter.getRemoteDevice（address）;
    try {
        bluesocket = bluedevice.createRfcommSocketToServiceRecord（MY_UUID）;
    } catch（IOException e）{
        Toast.makeText（getApplicationContext（）,"Error launching socket",Toast.LENGTH_
SHORT）.show（）;
    }
    try {
        bluesocket.connect（）;
        flag = true;
    } catch（IOException e）{
        Toast.makeText（getApplicationContext（）,"Connecting fail，Please close the
Bluetooth!",Toast.LENGTH_SHORT）.show（）;
        try {
            bluesocket.close（）;
        } catch（IOException e1）{
            Toast.makeText（getApplicationContext（）,"Closing failed，Please close the
Bluetooth!",Toast.LENGTH_SHORT）.show（）;
        }
    }
    send_flag = true;
}
```

通过 UUID 协议与蓝牙建立串口通信，发送 RSSI 请求到 3 个蓝牙模块，分别读取其 RSSI 值。

▶▶ 9.1.4 系统测试

（1）报警系统实物与测试

根据报警系统设计并且在实际情况中进行效果检验。实际中将霍尔传感器作为报警触发传感器，用于检测旅行箱是否受到非法移动与破坏，用户手机作为报警信息接收单位，STC 单片机作为主要处理器，控制整个硬件系统。实物图如图 9-22 所示，报警模块使用 3D 打印外壳以保护内部电路安全和使用安全。

图 9-22

智能报警系统实物图

当使用外力破坏智能旅行箱，导致霍尔传感器感应到破坏信号，将报警系统单片机中的报警程序触发，发送 AT 指令到 SIM900，继而发送信息到用户手机。测试结果为用户成功收到报警信息则硬件系统通过测试。系统测试结果如图 9-23 所示。

图 9-23

智能报警系统测试结果图

（2）动态蓝牙三角定位技术测试

根据动态蓝牙三角定位技术理论进行硬件部署和软件调试。对比试验数据与理论的误差，测试系统是否可以正常工作。

如图 9-24 所示，将蓝牙模块安装在旅行箱的特定位置上，它们之间距离已知，根据理论计算目标节点的位置 RSSI 与距离关系见表 9-2。

蓝牙模块安装示意图

表 9-2 RSSI 与距离关系表

序号	RSSI 值				
	1	2	3	4	5
RSSI-A	−68	−63	−78	−88	−86
RSSI-B	−88	−99	−63	−91	−83
RSSI-C	−79	−101	−89	−72	−79
计算公式	$d=10^{\wedge}((ABS(RSSI)-A)/(10n))$ d：距节点距离，m； A：功率密度，[dBm]； n：损耗系数。				

得到距离计算表之后，分析角度关系见表 9-3。

表 9-3 角度测试数据

序号	数据检测值							
	1	2	3	4	5	6	7	8
r_1	1.065	1.150	1.265	1.320	1.345	1.395	1.480	1.525
r_2	1.195	1.270	1.380	1.460	1.475	1.530	1.605	1.900
r_3	1.405	1.125	1.500	1.325	1.370	1.400	1.490	2.025
Y_{B1}	0.325	0.325	0.325	0.345	0.325	0.325	0.325	0.325
X_{B3}	0.245	0.245	0.245	0.245	0.245	0.245	0.245	0.245
X_S	0.615	0.609	0.631	0.761	0.727	0.770	0.756	2.139
Y_S	−0.991	0.831	−0.583	0.890	0.732	0.900	0.849	−0.879
$\tan\theta=\dfrac{Y_{B1}}{X_{B3}}$	−0.028	0.024	−0.016	0.020	0.018	0.020	0.019	−0.007

由测试可知，系统所得到的角度值与实验值相比可信度较高。

（3）手机 APP 效果测试

如图 9-25 所示为连接界面，用户可以点击链接进入主界面，进行行走控制。

如图 9-26 所示，APP 进入主界面后可以成功读取到 3 个蓝牙模块发送的 RSSI 值，并且可以显示此时旅行箱的运行状态，整个过程中符合设计中对 APP 的设计要求。APP 客户端最终通过测试。

图 9-25 手机APP客户端-连接界面

图 9-26 手机APP客户端RSSI值读取结果界面

（4）智能旅行箱整体系统测试

同时启动单片机系统和手机 APP 通信，对其运行进行观察并且采集数据，对比理论与实际的误差，找出存在的问题与改进的方法。图 9-27 所示为整体硬件及机械组件结构图。

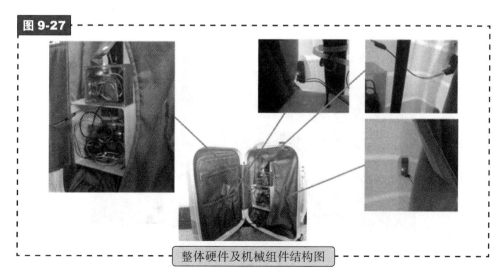

图 9-27 整体硬件及机械组件结构图

　　如图 9-28 所示，将旅行箱平放在测试地面上，操作手机启动自动跟随模式，让智能旅行箱可以自动追踪手机蓝牙信号达到自动跟随的目的。同时，对智能旅行箱的报警模块进行测试，故意破坏旅行箱并且恶意打开旅行箱，触发霍尔安全监测感应器，发现智能旅行箱可以及时将被破坏的信息传送到用户的手机上，提醒智能旅行箱正在被恶意损坏，达到预期目的。此外在智能旅行箱前进的道路上设置障碍物，发现智能旅行箱可以自动识别障碍，并且根据红外传感器返回的信号触发单片机系统的绕障程序，成功避开障碍物。整体而言各个模块基本实现了预先设计的功能，成功通过测试。

图 9-28

旅行箱跟随及绕障测试

9.2 意念四驱车（见图 9-29）

图 9-29

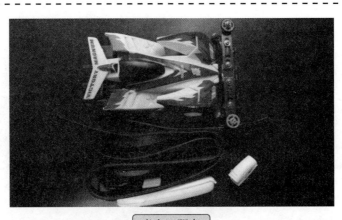

意念四驱车

（第十届国际大学生 iCAN 创新创业大赛北京赛区一等奖）

▶▶ 9.2.1 功能介绍

据统计，有近 60% 的 4~14 岁中国儿童具有不同程度的心理健康疾病。综合国内 7 项大型的调查研究显示，其中注意力缺陷多动障碍（Attention-deficit hyperactivity disorder，ADHD）患病率为 4.31%~5.83%。粗略估计，我国约有 1461 万 ~1979 万的多动症患儿。多动症是儿童期最为常见的一种心理行为障碍，已引起了广大家长、老师、医务工作者及全社会的广泛关注。

对于多动症的治疗方式传统上分为两种，药物治疗和脑电反馈（EEG feedback）治疗。一般药物治疗多用于中度或重症患者，而且出于副作用的考虑一般不为家庭接受。而脑电反馈治疗相对较为普及，尤其是在国外。但是目前脑电反馈疗程往往需要较长的时间，特定的地点和昂贵的医疗设备，不易于被大众家庭消费所接受。而医疗机构里的脑电反馈疗程往往是枯燥乏味的重复性训练，有违儿童的天性，因此往往受到儿童的抗拒。

通过监测人的大脑活动，可以了解大脑在人获取知识，取得重大成就等方面的潜力。一个积极的健康的学习状态离不开一个健康的大脑。所以本项目将结合现在的脑波智能硬件，做一款不依赖于手机的智能穿戴设备，使使用者可以更好地感受生活，提高生活质量和大脑学习能力。让人们在娱乐中掌握进入专注状态的技巧，快速提高注意力。

项目来源：泰杰·塔迪博士（Dr. Tej Tadi）表示，任何给定的动作都会让大脑做出反应。比如移动一下手臂，在这个动作进行之前的毫秒之间，大脑就可以进行这个指令的传输。据这位神经生物学家介绍，人类的动作、运动以及看到和触摸到的所有东西，全部都会整合到大脑的同一个地方。因此，假如我们可以实时监测脑波的数值，就可以一定程度上反映出人们的一些身体信息、大脑健康、对外界的反应等。

产品功能：以脑波头戴模块为基础检测脑力值，通过检测数值实时控制智能小车运动。

项目意义及目的：大脑健康一直是人们忽略的重要问题，而我们的想法在于可以更好地帮助提高人的大脑健康，如可以提高注意力、放松能力、记忆力及大脑的敏锐度，同时还能进行冥想及放松监测，以改善人们获取知识时的大脑状态，不仅可以让人们拥有一个健康的大脑，而且可以更加正确和准确地提高人们的脑力值。

目标人群：主要用于训练注意力，同时可以用于娱乐、健康监测及教育。

项目市场应用：现在市面上的脑波产品大多停留在屏幕内部的数值检测和游戏软件，本项目以让大脑锻炼更加的绿色健康和全面为目标，将实际真实的物品与脑电波智能产品相结合，增加娱乐性和交互性的同时可以应用到教学实践环节中，使脑波得以提高和锻炼。

创新点：市场上现有的脑波产品大多为手机游戏应用，比较依赖于手机，如果儿童一旦沉迷于此类手机游戏，或许造成弊大于利。为此，本项目将提供一种脱离于手机的新型娱乐互动方式，通过脑波直接实时控制真实小车运动，进而锻炼注意力。

总体方案：项目使用主动干电极采取脑电信号，借用 TGAM（ThinkGear Asic Module）脑电模块处理数值，使用蓝牙通信方式将数值传输给智能小车上的 51 单片机，单片机处理信息后驱动电动机执行器使小车运动，本项目与同类产品指标对比见图 9-4。

表 9-4　本项目与同类产品指标对比

	NeuroSky	Emotiv	Quasar	g.Nautilus	imec	IEC Standard	本项目
CMRR			>120dB				111dB
输入阻抗			47G				1T
带宽/Hz	3~100		0.02~120	0.1~40	0.3~100	0.5~50	0~100
通道数	1	14	12	32	8（4）		8
噪声			3μV[①]		4μV[①]	<6μV[①]	3.89μV[①]
AD 分辨率			16	24	12		24
耦合方式			AC	DC	AC		DC
交流范围			200mV		500mV	300mV	500mV
电极	Dry	Wet	Dry	Dry	Dry	Gel	Active Dry
通信方式	BT				BT		BT

① 均为峰值电压。

▶▶ 9.2.2　关键技术及器件

（1）脑电生物反馈（见图 9-30）

脑波（brainwave）：人脑中有许多的神经细胞在活动着，而成电器性的变动。也就是说，有电器性的摆动存在。而这种摆动呈现在科学仪器上，看起来就像波动一样。脑中的电器性震动我们称之为脑波。用一句话来说明脑波的话，或许可以说它是由脑细胞所产生的生物能源，或者是脑细胞活动的节奏。每一个人，每一天、每一秒，不论在做什么，甚至睡觉时，我们的大脑都会不时地产生"电流脉冲"。这些由大脑所产生的电流脉冲，称之为"脑波"。脑波依频率可分为 4 大类：β 波（有意识）、α 波（桥梁意识）、θ 波（潜意识）及 δ 波（无意识）。这些意识的组合，形成了一个人的内外在的行为、情绪及学习上的表现。

脑电生物反馈是借助于脑电生物反馈治疗仪将大脑皮层各区的脑电活动节律反

馈出来，并对特定的脑电活动进行训练，通过训练选择性强化某一频段的脑电波以达到预期的训练效果。

注意力分散的人群，他们的脑神经往往不能在较枯燥的环境下恰当地分泌和吸收多巴胺。比如：网络游戏上瘾的人群往往依靠网络游戏带来的高度刺激获得注意力集中。一旦他们的刺激环境降低，如较枯燥的学习课程和工作，则容易犯困，大脑无法在低刺激环境分泌多巴胺，从而导致无法集中注意力学习。长期暴露在高刺激的网络游戏上，则越来越难以在日常生活简单任务上集中注意力。多巴胺分泌过少则无法集中注意力，大脑产生过多 α 和 θ 波。多巴胺分泌过多，则会过度焦虑，大脑释放高 β 波。

图 9-30

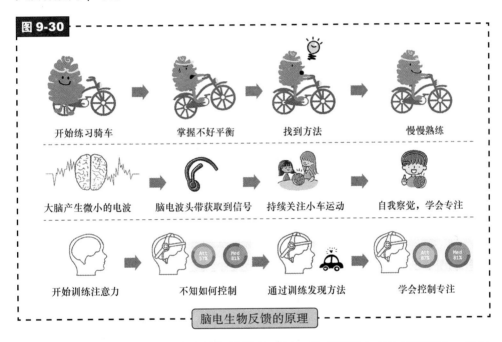

开始练习骑车　　　掌握不好平衡　　　找到方法　　　慢慢熟练

大脑产生微小的电波　　脑电波头带获取到信号　　持续关注小车运动　　自我察觉，学会专注

开始训练注意力　　不知如何控制　　通过训练发现方法　　学会控制专注

脑电生物反馈的原理

意念四驱车通过集中注意力并保持较长时间，进而保障小车的持续运动。经过训练，目的在于提高注意力区间有效波长。脑神经细胞逐渐习惯在枯燥的环境下产生适量的多巴胺。与此同时通过训练抑制注意力不集中和过度焦虑，最后大脑养成高效用脑习惯，达到显著提高注意力和学习工作效率的效果，如图9-31所示。

（2）脑机接口

脑机接口（Brain-Computer Interface，BCI），是在人或动物脑（或者脑细胞的培养物）与外部设备间创建的直接连接通路。在单向脑机接口的情况下，计算机或者接受脑传来的命令，或者发送信号到脑（例如视频重建），但不能同时发送和接收信号。而双向脑机接口允许脑和外部设备间的双向信息交换。脑机接口需要读取大脑皮层的神经活动信号，并进行分析。可以分为非侵入式脑机接口和侵入式脑机接口两类，区别在于是否需要植入传感器。非侵入式脑机接口中门槛最低、消费级玩具使用最多的是脑电图（Electroencephalography，EEG）。EGG 是通过医学仪器脑电图描记仪，将人体脑部自身产生的微弱生物电于头皮处收集，并放大记录而得到的曲线图。脑电图因为其易受到干扰，故用于辅助诊断。

一个 BCI 系统的主要模块如图 9-32 所示。

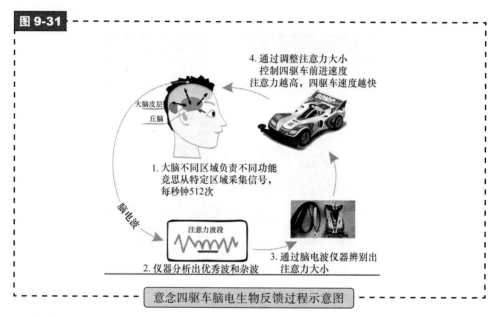

图 9-31

4.通过调整注意力大小控制四驱车前进速度注意力越高，四驱车速度越快

大脑皮层
丘脑

脑电波

1.大脑不同区域负责不同功能竞思从特定区域采集信号，每秒钟512次

注意力波段

2.仪器分析出优秀波和杂波

3.通过脑电波仪器辨别出注意力大小

意念四驱车脑电生物反馈过程示意图

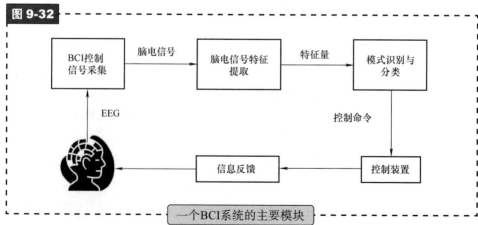

图 9-32

BCI控制信号采集 — 脑电信号 → 脑电信号特征提取 — 特征量 → 模式识别与分类

EEG

控制命令

信息反馈 ← 控制装置

一个BCI系统的主要模块

（3）TGAM 脑电模块

项目选用神念科技的 TGAM 模块，如图 9-33 所示。目前全世界有上百万的消

费级脑电设备使用了 TGAM 的 PCB 模组。它使用单点非侵入式干电极读取人的大脑脑波讯号，可以过滤掉周围的噪声和电器的干扰，并将测量到的大脑讯号转成数位讯号。TGAM 模组包括了 TGAT 芯片，该芯片是一个高度整合的系统单一芯片脑电传感器，可以输出专注、放松等参数，可以进行模数转换，检测接触不良的异常状态，过滤掉噪声及电路中 50Hz 和 60Hz 交流电讯号干扰。TGAM 模块价格适中，适合本项目。

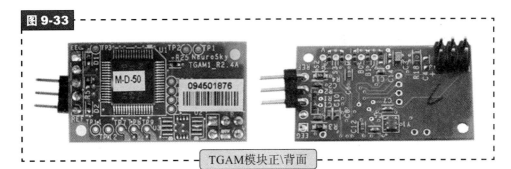

图 9-33

TGAM 模块正\背面

TGAM 产品规格：

TGAM 模块

— 能直接连接干接触点，不像传统医学用的湿传感器使用时需要上导电胶。

— 单 EEG 脑电通道有 3 个接触点：EEG（脑电采集点）、REF（参考点）、GND（地线点）。

— 上电后若接触点连续 4s 没有采集到脑电或连续 7s 收到差的脑电信号，模块会通过"信号质量强度"发出信号差的警告，提醒用户调整传感器。

— 先进的噪声过滤技术，能抗拒日常生活中环境里的各种干扰。

— 低能耗，适合便携式消费产品的电池供电的设备。

— 3.3V 供电下最大消耗为 15mA。

— 原始脑电数据以 512Hz 输出。

测量

— 原始脑波信号。

— 处理和输出 α，β 等脑波波段数据。

— 处理和输出 Neurosky（神念科技）获得专利技术的 eSense 专注度和放松度指数以及未来开发的其他数据。

— 嵌入式的信号质量分析功能能警告接触不良或是完全没接触的异常状态。

— 眨眼侦测。

物理规格

— 规模尺寸（最大）2.79cm × 1.52cm × 0.25cm。

— 重量（最大）130mg。

规格说明

— 采样率：512Hz。

— 频率范围：3~100Hz。

— 静电保护：4kV 接触放电；8kV 隔空放电。

— 最大消耗功率：15mA，3.3V。

— 运行电压：2.97~3.63V。

UART（串口）标准输出接口

— 1200kBaud/S，9600kBaud/S，57600kBaud/S 输出波特率。

— 8 bit。

— 无奇偶校验。

— 1 个停止位。

（4）蓝牙 BT-HC05 模块（见图 9-34）

蓝牙 BT-HC05 模块是一款高性能的主从一体化蓝牙串口模块。主从可指令切换，指令丰富齐全。主机用来搜索从设备，不能被其他设备搜索；从机用来被搜索的设备，不能主动搜索其他设备。具体特征信息如下：

— 采用 CSR 主流蓝牙芯片，蓝牙 V2.0 协议标准。

— 模块供电电压：3.3~3.6V。

— 默认参数：波特率 9600、配对码 1234、工作模式：从机。

— 核心模块尺寸大小为：27mm × 13 mm × 2mm。

— 工作电流：不大于 50mA（以实测为准）。

— 通信距离：空旷条件下 10m，正常使用环境 8m 左右。

— 用于 GPS 导航系统，水电煤气抄表系统，工业现场采控系统，可以与蓝牙笔记本电脑、电脑加蓝牙适配器、PDA 等设备进行无缝连接。

— 可以对 STC 单片机无线升级和下载程序。

BT-HC05 嵌入式蓝牙串口通信模块具有两种工作模式：自动连接工作模式（automatic connection），又称透传模式（transparent communication）；命令响应工作模式（order-response），又称为 AT 模式（AT mode）。当模块处于自动连接工作模式时，将自动根据事先设定的方式连接并数据传输。自动连接工作模式下模块又可分为主（Master）、从（Slave）和回环（Loopback）3 种工作角色。自动连接工作模式只是把 RXD 引脚收到的信息转成蓝牙无线信号传递出去，或者将接收到的无线信息从 TXD 引脚传给处理单元，模块本身不会解读资料，也不会接收控制。操控蓝牙模块的指令统称为 AT 命令（AT-command）。蓝牙模块只有在 AT 模式，才能接收 AT 命令。

图 9-34

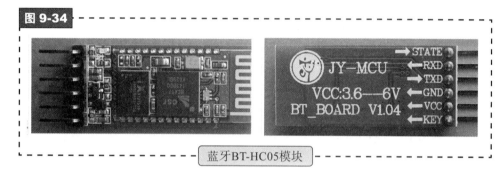

蓝牙BT-HC05模块

（5）MCS-51 单片机

51 单片机是对所有兼容 Intel 8031 指令系统的单片机的统称。该系列单片机的始祖是 Intel 的 8004 单片机，后来随着 Flash ROM 技术的发展，8004 单片机取得了长足的进展，成为应用最广泛的 8 位单片机之一，其代表型号是 ATMEL 公司的 AT89 系列，它广泛应用于工业测控系统之中。很多公司都有 51 系列的兼容机型推出，今后很长的一段时间内将占有大量市场。51 单片机是基础入门的一个单片机，还是应用最广泛的一种，但不具备自编程能力。

51 系列是基本型，包括 8051、8751、8031、8951 这 4 个机种区别，仅在于片内程序储存器。8051 为 4KB ROM，8751 为 4KB EPROM，8031 片内无程序储存器，8951 为 4KB EEPROM。其他性能结构一样，有片内 128B RAM，2 个 16 位定时器 / 计数器，5 个中断源。其中，8031 性价比较高，又易于开发，目前应用面广泛。

51 系列单片机的特点：

—— 8 位 CPU；

—— 片内带振荡器，频率范围为 1.2~12MHz；

—— 片内带 128B 的数据存储器；

—— 片内带 4KB 的程序存储器；

— 程序存储器的寻址空间为 64KB；

— 片外数据存储器的寻址空间为 64KB；

— 128 个用户位寻址空间；

— 21 个字节特殊功能寄存器；

— 4 个 8 位的 I/O 并行接口：P0、P1、P2、P3；

— 两个 16 位定时、计数器；

— 两个优先级别的 5 个中断源；

— 一个全双工的串行 I/O 接口，可多机通信；

— 111 条指令，包含乘法指令和除法指令；

— 片内采用单总线结构；

— 有较强的位处理能力；

— 采用单一 +5V 电源。

▶▶ 9.2.3 详细设计

（1）头带及脑电波芯片

头带硬件部分分为 TGAM 模块、蓝牙模块、主动性干性电极、电池 4 个部分。EEG 电极放置于前额，用于接收脑电波电压，REF 电极夹在耳垂，用于参考电压，TGAM 传感器用于处理脑电波电压，得到数字信号通过 UART 串口连接蓝牙模块发送给处理器。硬件连接示意图如图 9-35 所示。

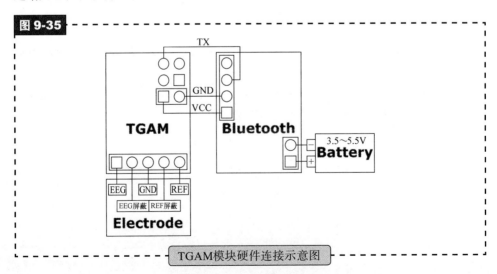

图 9-35

TGAM模块硬件连接示意图

对于 EEG 来说，ThinkGear 传感器的正常使用下有一些噪声干扰是不可避免的，为此神念科技（该模块开发商）设计了过滤技术和算法来检测，纠正、补偿、解释，承担各种类型的信号噪声。大多数用户都是只对 eSense 的值有兴趣，比如专注度和冥想度的值。不用太担心 POOR_SIGNAL（弱信号质量指数）的影响，只要注意 POOR_SIGNAL 的值为 0 时就能取到专注度和冥想度的值，若 POOR_SIGNAL 的值为 200 则表示并未佩戴设备。POOR_SIGNAL 的值针对一些对噪声更敏感的应用（比如一些医学或研究的应用程序）或者需要很快检测出轻微噪声的应用更有帮助。

eSense™指数：对所有不同类型的 eSense（如专注度和冥想度）其指数以 1~100 之间的具体数值来指示。数值在 40~60 之间表示此刻该项指数的值处于一般范围，这一数值范围类似于常规脑电波测量技术中确定的"基线"（但是 ThinkGear 的基线测定方法是自有的专利技术，与常规脑电波的基线测定办法不同）。 数值在 60~80 之间表示此刻该项指数的值处于"较高值区"，也就是说略高于正常水平（即当前情况下专注度或者是放松度比正常情况下要高）。数值在 80~100 之间表示处于"高值区"。它表示专注度或放松度达到了非常高的水平，即处于非常专注的状态或者是非常放松的状态。同理，如果数值在 20~40 之间则表示此时的 eSense 指数水平处于"较低值区"，数值在 1~20 则意味着处于"低值区"。与前述其他区值所代表的人的精神状态相反，eSense 指数处于这两个区域则表示被试者的精神状态表现为不同程度的心烦意乱、焦躁不安、行为反常等。

BLINK 眨眼：这个整型值记录了用户最近眨眼的强度。取值范围从 1~255，每次检测到眨眼便会记录数据。这个值表示相对眨眼强度没有单位。

ATTENTION 专注度："eSense 专注度指数"表明了使用者精神"集中度"水平或"注意度"水平的强烈程度，例如，当被测者能够进入高度专注状态并且可以稳定地控制心理活动，该指数的值就会很高。该指数值的范围是 0~100。心烦意乱、精神恍惚、注意力不集中以及焦虑等精神状态都将降低专注度指数的数值。默认情况下会启用该数值的输出，通常每秒输出一次。

MEDITATION 冥想度："eSense 冥想度指数"表明了使用者精神"平静度"水平或者"放松度"水平。该指数值的范围是 0~100。需要注意的是，放松度指数反映的是使用者的精神状态，而不是其身体状态，所以，简单地进行全身肌肉放松并不能快速地提高放松度水平。然而，对大多数人来说，在正常的环境下，进行身体放松通常有助于精神状态的放松。放松度水平的提高与大脑活动的减少有明显的关联。长期观察结果表明：闭上眼睛可以使得大脑无须处理通过眼睛看到的景象从而降低大脑精神活动水平。所以，闭上眼睛通常是提高放松度值的有效方法。心烦意乱、精神恍惚、焦虑、激动不安等精神状态以及感官刺激等都将降低放松度指数的数值。默认情况下会启用该数值的输出，通常每秒输出一次。

图 9-36 所示为头戴前后期硬件实现。

图 9-36

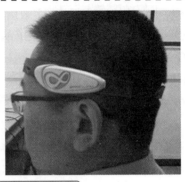

头戴硬件前后期硬件实现

（2）四驱车处理及驱动

四驱车内部器件如图 9-37 所示。

图 9-37

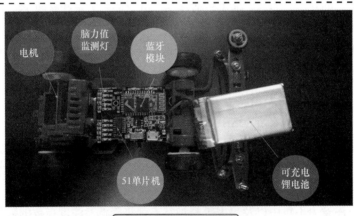

四驱车内部器件说明

小车用蓝牙 HC05 与脑电头戴进行连接，连接后搜集脑电数据，关于数据解析方法如下：

数据包结构：数据包是由异步串行字节流构成。数据传输是通过 UART 串行 COM 口、蓝牙、文件或者任何其他可以传输字节流的设备。对于每个数据包，其开头部分为包头，中间部分是有效数据，结尾是检验变量，可以参考下面的格式：[PAYLOAD...] 部分的长度，不会超过 169 个字节，其中 [SYNC]、[PLENGTH] 和 [CHKSUM] 都为一个字节。这就意味着，一个完整且有效的数据包，至少有 4 个字节的长度（在没有有效数据传回的时候，即是空的时候），至多不超过 173 个字节（当有效数据的长度为 169 个字节）。

数据包头：数据包头由 3 个字节组成：两个用于识别帧头的字节（0xAA0xAA），后面跟着一个字节 [PLENGTH]（表示有效数据长度）开头的两个 [SYNC] 字节用于标识一个新数据帧的开始，其值为 0xAA（十进制 170）。要注意到，用于同步的字节，是两个一样的 0xAA，不是一个，这样能避免当有效数据中包含 170 时，程序错误的识别成了数据包头。虽然，在有效数据中，仍然有可能出现两个 [SYNC]，但是 [PLENGTH] 和 [CHKSUM] 能确保不会把包识别错。字节 [PLENGTH] 用于说明有效数据的长度，其值为 0~169。任何大于 169 的数，都意味着出错了（PLENGTH 过大）。要注意到，字节 [PLENGTH] 是指有效数据的长度，而不是整个数据帧的长度。一个数据帧的长度为 [PLENGTH]+4。

有效数据：由些许字节组成。有效数据的长度，等于数据包头中 [PLENGTH] 的值。要注意到，只有通过变量 Checksum 检查过数据的正确性后，解析有效数据，才是有意义的。

数据检验：字节 [CHKSUM] 用于检验有效数的正确性。CHKSUM 的定义如下：①把所有有效数据的各个字节相加。②取低 8 位的数。③把这 8 位数倒置（高低位对换，如把 0000 0001 变成 10000000）接收端接收到的数据包，必须通过前面的 3 个步骤进行检验。如果计算得到的 CHKSUM 与接收到 [CHKSUM] 不相同，这意味着这一帧的数据有错误，无法使用。如果相等，接收端将会对有效数据进行分析，得到各类变量。

有效数据格式：一旦通过了 Checksum 的检验，接收端就可以解析有效数据了。有效数据由一系列连续的变量值构成，这些变量值包含了由些许字节组成的行数据（行变量）。每一个行数据（行变量）包含了该变量值类型对应的序号、该变量值的长度和该变量值的大小。因此，为了解析有效数据，必须解析出有效数据中的每一个行数据，直到有效数据的所有字节都被解析完毕。

行数据的格式：打括号的字节是有条件地出现的，这就意味着，它们只会出现在某些行数据中，而不是所有的行数据。若需详细信息，请参阅以下说明。当变量的值为 0x55 时，行数据可能以零或者其他 [WXCODE]（扩展 CODE）字节开始。[EXCODE] 的值表示着 EXCODE 对应变量的扩展级别。反过来，接收端需要通过 [EXCODE] 来确定行数据包含了哪些变量。因此，解析程序需把每个行数据的 [EXCODE] 与 0x55 作比较，来判断该行数据的扩展级别。[CODE] 和拓展 CODE 的界别，共同决定了，在行数据中，变量的类型。例如 [EXCODE] 为 0，[CODE] 为 0x04 表示着，该行数据传回的变量为 eSense 类中 Attention 的数值。如需 [CODE] 的对应列表，请参阅 CODE Definitions Table（CODE 定义表）。需要注意到，[EXCODE] 中的值 0x55 永远不会用在 [CODE] 中（顺便说一句，[SYNC] 的值 0xAA 也永远不会出现在 [CODE] 中）。如果 [CODE] 的值在 0x00~0x7F 之间，这意味着传回的变量值的长度为 1 个字节。在这种情况下，不存在字节 [VLENGTH]，所以，当出现过字节 [CODE] 后，字节 [VALUE] 会立刻出现。然而，如果 [CODE] 的值不在 0x00~0x7F 之间时，字节 [VLENGTH] 就会立即出现在字节 [CODE] 后面。字节 [VLENGTH] 表示变量的字节长度（可以参考 Multi-Byte Value 多字节数值）。当传回变量的字节长度超过 1 个字节时，这种使用 [VLENGTH]，表示变量字节长度的方法，非常有效。为了防止日后出现新的 CODE（比如更换了新版的 TGAM 模块），导致解析程序无法正常工作，行数据被定义成了这种格式（同理也是为了防止少传数据导致的错误，比如更改 TGAM 模块回传方式）。

```c
#include <stdio.h>
#define SYNC 0xAA
#define EXCODE 0x55
int parsepayload ( unsigned char *payload, unsigned char pLength )
{ unsigned char bytesParsed = 0;
unsigned char code;
unsigned char length;
unsigned char extendeCodeLevel; int i; /* 循环下面的部分，直到所有的有效数据的字符串处理完毕 */
while ( bytesParsed < pLength )
{ extendedCodeLevel = 0;
while ( payload[bytesParsed] == EXCODE )
{ extendedCodeLevel++; bytesParsed++; }
code = payload[bytesParsed++];
 if ( code &0x80 ) length = payload[bytesParsed++];
else length = 1;
printf ( "ECDODE level : %d CODE: 0x%02X length:| %d\n", extendedCodeLevel, code, length ) ;
printf ( "Data value ( s ):" ) ;
for ( i=0 ; i<length ; i++ )
{ printf ( "%02X", payload[bytesParsed+i] & 0xFF ) ; }
 printf ( "\n" ) ; bytesParsed += length; }
return ( 0 ) ; }
 int main ( int argc, char **argv )
{ int chechksum; unsigned char payload[256];
unsigned char c; unsigned char i;
while ( 1 ){fread ( &c, 1, 1, stream ) ;
if ( c != SYNC )continue; fread ( &c, 1, 1, stream ) ;
 if ( c != SYNC )continue;while ( true )
{ fread ( &pLength, 1, 1, stream ) ;
 if ( pLength ~= 170 )break; }
if ( pLength > 169 )continue;
fread ( payload, 1, pLength, stream ) ;
Checksum = 0;
 for ( i=0 ; i<pLength ; i++ ) checksum += payload[i]; checksum &= 0xFF; checksum = ~checksum &0xFF;
 parsePayload ( payload, pLength ) ; }
return ( 0 ) ;
```

▶▶ 9.2.4 系统测试

（1）基于安卓平台的 EGG 信号测试（见图 9-38）

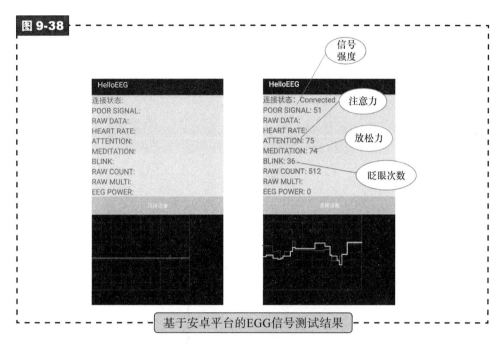

图 9-38

基于安卓平台的EGG信号测试结果

为完成信号测试，基于安卓平台开发信号测试 APP，进行初始数据的采集和显示。HelloEEG 中显示的信息数据包括：

POOR SIGNAL：信号质量；

RAW DATA：原始数据；

HEART RATE：瞬时心率（并未用到）；

— ATTENTION：专注度；

— MEDITATION：放松度；

— BLINK：眨眼检测；

— RAW COUNT：数据数量；

— EEG POWER：电源值。

（2）头戴佩戴测试（见图 9-39）

使用者佩戴头戴，打开头戴开关，启动脑电检测模块及蓝牙模块，指示灯开始红蓝两种颜色闪烁。

图 9-39

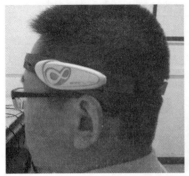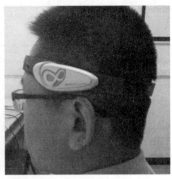

头戴佩戴测试

（3）四驱车连接测试（见图 9-40）

当听到头戴发出"滴滴"两声之后，打开四驱车开关，电源指示灯点亮，电动机加速后停止。蓝牙指示灯闪烁表示正在与头戴配对。

图 9-40

四驱车连接测试

（4）四驱车控制测试

当头戴蓝色指示灯闪烁，四驱车蓝牙的蓝色指示灯以一定频率闪烁的时候表示连接成功，使用者集中注意力，四驱车开始加速，脑力值指示灯从绿色到红色依次点亮。

9.3　3D 养老小管家（见图 9-41）

图 9-41

3D养老小管家

（第十届国际大学生 iCAN 创新创业大赛北京赛区一等奖）

▶▶ 9.3.1　功能介绍

（1）项目背景

虚拟成像技术近年来火热发展，物联网技术作为新时代革命性的信息产业技术，广泛应用于军事、医疗、农业、家居等诸多领域。本产品顺应物联网技术的潮流，将目前热门的虚拟现实技术以及语音交互技术结合起来，开发出一款智能语音控制的家居服务产品，并通过增加服务功能，将虚拟现实技术应用到社会生活生产中的方方面面。

虚拟成像技术近年来发展迅速，从 Google glass（见图 9-42）和微软 hololens（见图 9-43）到 3d 舞台，表演和幻影成像展柜（见图 9-44），虚拟现实技术已经进入社会生活多个领域。不夸张地说，虚拟现实技术的应用将会是人类社会未来发展的一个趋势。在发展迅速的信息化时代，虚拟现实技术将用在更为广泛的市场上去，并且使用更加亲民更加平民化。

然而虚拟成像技术依然有着一些缺陷以及巨大的发展和空间。以 Google glass 为代表的虚拟现实眼镜，给用户的体验并不完美，很容易令人头晕恶心。另外类似于 3D 幻影展柜的产品，在国内市场上仅仅是用于单一的展示物品，用作博物馆展示贵重物品，或者商家进行广告宣传，对于虚拟现实技术在智能服务方面的应用开发严重不足。相比于虚拟现实技术如此的火热，虚拟现实的智能化应用却没有被填补上。

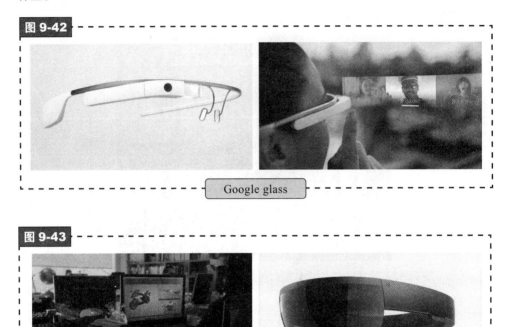

图 9-42

Google glass

图 9-43

微软hololens

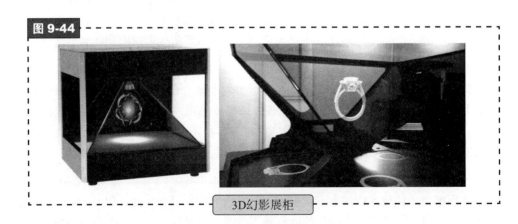

图 9-44

3D幻影展柜

基于裸眼 3D 投影的初音未来演唱会（见图 9-45），其原理是在屏幕上投影画面，称其为"背投"式。一块巨大的全息透明幕（将全息膜贴在巨大的玻璃上，几块贴了幕的巨大玻璃（或有机玻璃）拼起来成一个长 15m 的矩形全息幕），在幕的后面不远处放置一高流明高分辨率投影机。投影机将影像投在幕上，幕前的观众就会看到"三维影像"，并伴随音乐舞蹈。但是，这只是看起来像全息投影，但是并不能将物体 360° 全面再现。

"初音未来"演唱会

2015 年日本刚刚出现的一款产品"gatebox"，就是将虚拟现实技术和智能化家居服务结合起来，取得了良好的市场效果。虽然产品还没有正式大规模上市，但是其价格已经被透漏，每台 10 万日元左右，近 7000 元人民币。由此可以看出虚拟现实和智能服务的结合有着相当的市场潜力。

（2）项目描述

在当前社会，越来越多独生子女的父母步入老年，他们往往会长时间没有儿女陪伴，老人更容易产生孤独感，需要有人倾听他们。老人身体容易生病，需要人关心；并且老人健忘，往往会忘记一些事情。需要有人能够和老人说话聊天，能够提醒老人按时吃药，帮助老人记录一些事物。所以，此产品着眼于老年人的服务。

首先全息影像技术能够呈现出虚拟小人。对于老年人来说，一个立体的虚拟小人会比手机、电视等电子产品更加真实，更加亲切。能让老人感觉像是有一个孩子在陪伴自己，能极大安慰老人心理。

然后就是增加服务功能，通过配套的软硬件技术开发，让虚拟小人能够完成和老年人简单对话，给老人唱歌、跳舞、讲故事，提醒老人按时吃药，帮助老人记录事情，以及控制家电等服务。针对老年人需求，设计虚拟小人的各种服务功能。解决老年人生活中的一些问题。3D养老管家应用了虚拟成像技术，其成像原理是"佩珀尔幻像"原理。这种成像技术目前最为成熟，成本较低。在视觉效果上有着强烈的立体感和纵深感。

详细功能如下：

红外感应唤醒功能： 利用红外感应模块，实时检测用户距离，当用户距离接近1m以内，红外模块即通过WiFi与安卓APP进行通信，进而唤醒主机。

人脸识别功能： 在机器被唤醒之后，打开微型摄像头，开启人脸识别功能，能够识别出不同人的到来，对不同人有不同称谓。此功能应用了face++的离线SDK和在线API，face++是目前国内顶尖的视觉服务平台之一。其中的N人脸识别技术可以通过视频流进行多人的人脸识别，识别率高达99%以上。

智能语音交互功能： 可以实现用户和虚拟小人的聊天对话。包括闲聊、问答、百科、生活常识、数学计算等多个数据库，可以满足大多数人沟通上的需要。并且通过建立知识库，能够进行一问多答，多问一答，实现智能化交互。

智能语音服务功能： 通过语音接口，为用户提供一些服务功能。可以查询任意城市最近5天的天气，当天的空气质量；可以设置定时提醒，到时自动提醒用户要做什么事。能够查询一些常见疾病，能够给老年人提出一些身体保健的建议。此外我们还有独一无二的全国养老院以及各类老年人服务中心的数据库，是几位研究生通过一年的工作搜集并建立起来的，包含了几十万条详细的信息。通过语音接口可以查询全国各地的养老院信息。

语音指令控制功能： 通过APP的语音接口，和各种硬件功能模块进行通信，从而实现控制智能家居，检测室内温湿度，检测室内pm2.5等功能。为用户提供了更多家庭生活方面的服务。并且由于是语音控制，能给用户更加新颖便捷的体验。

▶▶ 9.3.2 关键技术及平台

（1）成像系统技术方案

通过研究了国内外全息投影前沿技术（见表9-5），以及大量的幻影成像产品，对其成像技术进行分析比较，最终确定项目的投影系统方案。3D养老小管家的投影成像系统是"幻影成像"系统，利用了"佩珀尔幻象"原理。这种方式原理简单，技术难度较低并且十分成熟。在成像效果上有着较强的立体感和纵深感。

180°"Z"字形的结构，长宽高分别是25cm、20cm、19cm，由硬质塑料制成，最重要的成像镜面是透明亚克力板贴上一层全息膜，整体轻便简洁，适合于家庭和个人使用，如图9-46所示。

动画的基本制作是在 MikuMikuDance 中完成的，软件基本界面如图 9-47 所示，图 9-48 中每一个蓝点均为关节，关节和关节直接有连线即表示链接在一起，然后通过操作指令即可编辑任务动作。将每帧动画制作好以后，用该软件可直接合成 AVI 文件，如图 9-49 所示。

表 9-5　成像显示技术对比表

投影技术	原理描述	优点	缺点
空气投影技术	来源于海市蜃楼的原理，将图像投射在水蒸气上，由于分子震动不均衡，可以形成层次和立体感很强的图像	立体感强，犹如身临其境	蒸汽烟雾不稳定，对成像环境要求较为严格
旋转镜面投影	将图像投影在一种高速旋转的镜子上，利用了人的视觉暂留现象，给人一种虚幻的感觉	立体感强，亮度高	技术上较为困难，旋转镜面对成像的要求较高，且噪声大，维持成本高
激光电离投影	利用氮气和氧气在空气中散开时，混合成的气体变成灼热的浆状物质，并在空气中形成一个短暂的 3D 图像	除空气外，不需要任何介质即可成像	技术困难，且还不成熟。成本较高，激光进行空气电离能量消耗较大，不适合一般家庭应用
全息膜投影	采用一种半透明的全息膜，后面不远处放置一高流明高分辨率投影机。投影机将影像投在幕上，即可成	技术简单，市场较为成熟	只能有 120° 视角，并且纵深感不强
幻影成像	利用了佩珀尔幻象原理，通过半透半反玻璃，投射出真实光源的虚像	技术原理简单，成本低，纵深感，虚幻感强	在外界强光时效果较差

图 9-46

"Z字形" 成像系统实物图 详细设计

图 9-47

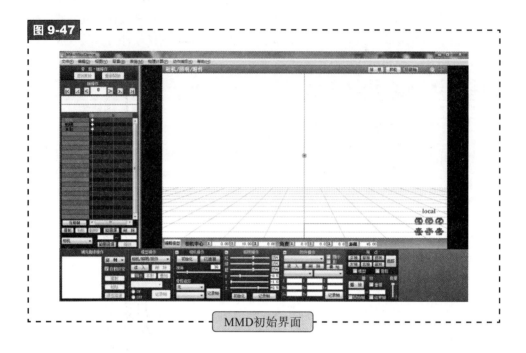

MMD初始界面

图 9-48

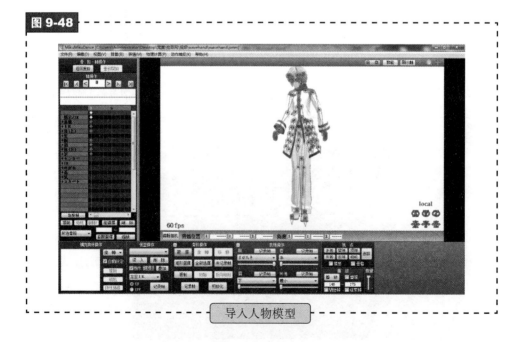

导入人物模型

图 9-49

视频合成结果

（2）安卓平台

Eclipse 安卓开发环境下，开发配套 APP。集视频播放、语音识别、语义理解、语音合成、语音唤醒、人脸检测于一体，并能通过 WiFi 模块与各种硬件功能模块进行通信，实现语音交互和控制；与云端服务器进行数据交换，利用云计算和大数据实现智能化的语音交互。

安卓视频播放可以运用安卓自带的 videoview 控件，它是继承 SurfaceView 使用 MediaPlayer 来做播放的类；语音识别等技术，应用科大讯飞平台的离线 SDK 和在线 API，将各个语音功能模块整合在一起，在逻辑上符合用户语音交互需求，性能上健壮稳定；人脸识别技术现已成熟，应用 face++ 人脸识别平台，进行视频流的人脸检测，并集成在 APP 中。

（3）互动与服务功能开发平台

科大讯飞开发者平台，有智能问答云服务，通过设置接口，即可调用服务。可以制定个性化的交互数据库，也可以直接利用服务中的通用数据库，如图 9-50 所示。

科大讯飞开放语义平台，可以进行语义理解和数据返回，通过设定其返回格式，解析返回数据即可实现对老年人的服务，例如按时提醒功能，唱歌功能，讲故事功能等。

语音提醒场景说法示例如图 9-51 所示。

图 9-50

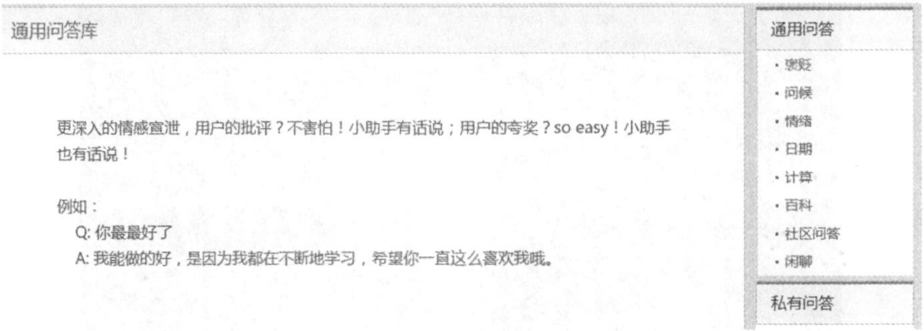

通用问答库

更深入的情感宣泄，用户的批评？不害怕！小助手有话说；用户的夸奖？so easy！小助手也有话说！

例如：
Q: 你最最好了
A: 我能做的好，是因为我都在不断地学习，希望你一直这么喜欢我哦。

通用问答
· 褒贬
· 问候
· 情绪
· 日期
· 计算
· 百科
· 社区问答
· 闲聊

私有问答

问答数据库

图 9-51

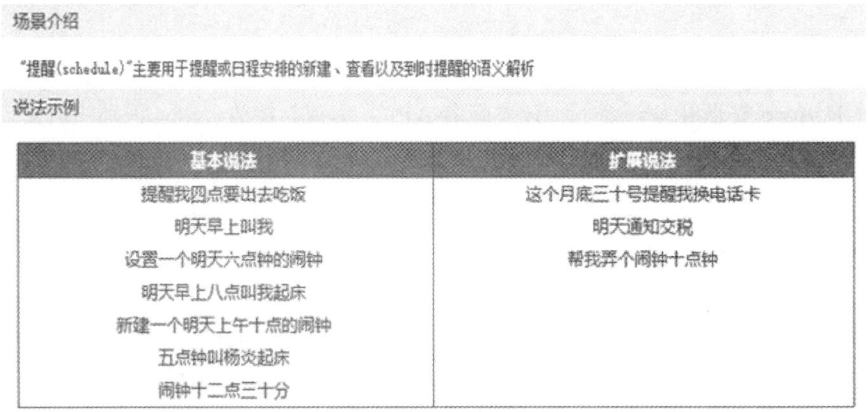

场景介绍

"提醒(schedule)"主要用于提醒或日程安排的新建、查看以及到时提醒的语义解析

说法示例

基本说法	扩展说法
提醒我四点要出去吃饭	这个月底三十号提醒我换电话卡
明天早上叫我	明天通知交税
设置一个明天六点钟的闹钟	帮我弄个闹钟十点钟
明天早上八点叫我起床	
新建一个明天上午十点的闹钟	
五点钟叫杨炎起床	
闹钟十二点三十分	

语音提醒场景

▶▶ 9.3.3　详细设计

（1）系统框图（见图 9-52、图 9-53、图 9-54）

3D 养老小管家用户端安卓主机是内置安卓操作系统的虚拟成像系统，内部集成了一个 APP，可以进行语音交互，人脸识别；微型摄像头采集人脸图像；红外传感器检测使用者距离，并通过 WiFi 通信对安卓主机进行唤醒；万遥模块通过 WiFi 通信，和 APP 进行交互，语音控制电灯电视等家用电器；通过 WiFi 模块与温湿度传感器，pm2.5 检测模块通信，实现语音控制。3D 养老小管家基本上全都是通过语音交互来进行智能服务的，突破了传统的触屏按键等交互操作，给人全新的操作体验。

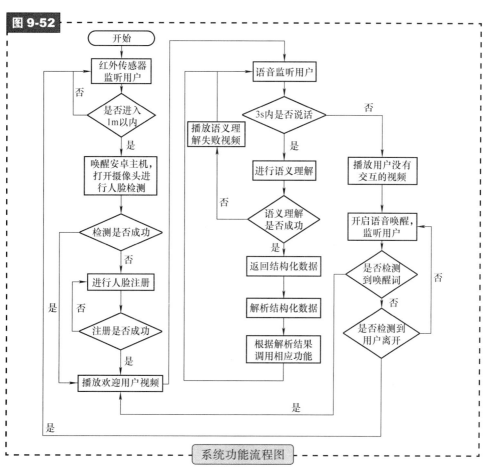

图 9-52

系统功能流程图

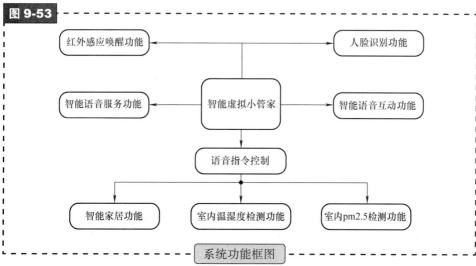

图 9-53

系统功能框图

图 9-54

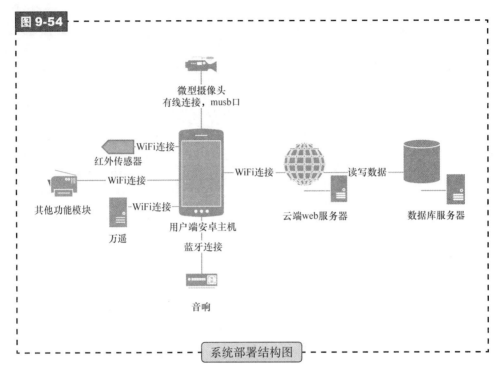

微型摄像头
有线连接，musb口

红外传感器 ◁—WiFi连接

其他功能模块 ——WiFi连接—— ——WiFi连接—— 云端web服务器 数据库服务器

万遥 ——WiFi连接—— 用户端安卓主机 读写数据

蓝牙连接

音响

系统部署结构图

（2）智能语音交互和语音服务功能实现

语音系统的实现是基于科大讯飞的离线 SDK 和在线 API 实现的。包括语音唤醒，语音识别，语义理解和语音合成。总体上分为前端和后台。

前端基于 Android 平台开发，分为语音接口包、通信驱动包、数据解析和存储包、附加功能包 4 个部分。

语音接口包： 系统顶层模块，是和用户进行人机交互的入口。内部包含 3D 动画视频播放组件和语音交互接口。3D 动画视频播放使用安卓自带的 videoview 控件，它是继承 SurfaceView 使用 MediaPlayer 来做播放的类。基于科大讯飞平台的离线 SDK 和在线 API，将各个语音功能模块整合在一起，在逻辑上符合用户语音交互需求，性能稳定。

通信驱动包： 是安卓 APP 和后台数据库服务器以及硬件功能模块进行通信的功能包。顶层模块接收到用户的语音交互信息后，需要将信息通过 fucutil 类上传至后台服务器通过云计算和大数据进行语义理解，并返回 json 结构化数据。

数据解析包： 是将后台服务器返回的 json 数据进行解析的功能包。对 json 数据进行解析，并对解析后关键字进行匹配，以调用各种附加功能。

附加功能包： 是实现各种服务功能的主要包。例如定时唤醒、控制家电、室内温湿度检测等功能要通过这个包内的类进行实现。另外，调用到硬件模块功能时，需要通过通信驱动包内部相应的类，和硬件模块进行通信。

搭建 web 服务器，构建知识规则库和数据库，为智能化语音交互提供后台算法和数据支持。语义理解需要通过云计算来实现，在后台服务器上配置语法规则文件，能够匹配某一对话场景的任何语义。能够将用户的语音信息通过语法规则转换成包含语义的结构化数据，从而能够被解析匹配。

语法规则文件如图 9-55 所示。

图 9-55

```
#ABNF 1.0 UTF-8;
#include "province.lst"
#include "city.lst"
#include "area.lst"
business beadhouse
root main;
#ABNF HEAD-END;
$want = 要 | 想 | 想要 ;
$query[operation%QUERY] = (查 | 查询 | 看 | 知道 | 去) [一下] ;
$property[property]= 官办 | 民办 ;
$describe[describe]= 最大 | 最好 | 比较好 | 比较大 | 附近 ;
$province = ($u_LST_province){location.province};
$city = ($u_LST_city){location.city}
$area = ($u_LST_area){location.area}
$case1 = $property [的] $describe[的];
$case2 = $describe[的] $property [的];
$case3 = $describe[的];
$case4 = $property [的];
$beadhouse[type]= 养老院 | 敬老院 | 敬老服务中心 | 老年公寓 | 养老服务中心;
$main[biz:beadhouse] = [找] [$want] $query [$province] [$city] [$area] [的] [($case1|$case2 | $case3 |
$case4)] [的] $beadhouse ;
```

语法规则文件

除了要构建语法规则外，还要搭建海量数据库。以大数据为支撑，能够使 3D 幻影互动在语音交互上更加智能化。丰富的数据能够满足不同人群的交互需要。还可以针对某个行业定制专用的数据库。

（3）红外唤醒和语音指令控制的硬件功能系统实现

硬件功能通过 stm32 开发板来实现，以 stm32 开发板作为下位机，安卓平板作为上位机，之间通过 WiFi 模块进行通信。通过自定义协议，实现各个硬件功能模块和 APP 之间的通信，并通过 APP 的语音接口进行语音控制。

通信协议帧格式规定如下：

例：

帧头	帧长度	类型	对象	数据	校验和	帧尾
5E	06	00	01		07	E5

说明：

1）表格中使用的是十六进制数。

2）帧头、帧尾：作为一个完整帧的开始和结束，规定分别为 0x5E 和 0xE5。

3）帧长度：指示本条帧数据包含的字节数，即总共多少字节。本协议规定中，除了数据部分，其他部分均为 1 字节，所以

帧长度 = 6 + n（n 为数据部分字节长度，大于等于 0 字节）

例子中帧长度为 0x06，指示该条帧数据长度为 6 字节，没有数据部分。

4）类型：指示本条帧数据的功能。规定如下：

0x00	控制帧
0x01	问询帧
0x02	应答帧

例子中命令为 0x00，指示本条帧数据为控制帧。

5）对象：指示本条帧数据代表哪个对象。规定如下：

0x01	唤醒
0x02	睡眠
0x03	温湿度、PM2.5
0x06	体重
0x07	心率
0x10	烟雾
0x16	门磁

例子中对象为 0x01，指示对象为唤醒。

6）数据：指示本条帧数据代表对象的相关数据，大于等于 0 字节。

例子中没有数据部分。

7）校验和：用于本条帧数据的正确性验证。规定：

校验和 = 帧长度 + 命令 + 对象 + 数据（即帧数据第 2 字节至倒数第 3 字节的累加）

例子中，校验和 0x07 = 0x06 + 0x00 + 0x01。

值得注意的是，收到帧数据以后，首先应该对帧数据的完整性和正确性进行验证，即验证帧头、帧尾和校验和。例，Rx_Buf[] 为接收帧缓冲区，作如下处理：

```
u8  i;
    u8   u8_TempCheck = 0;
    u16  u16_TempLenth = 0;

    if( Rx_Buf[0] == 0x5E )
{
u16_TempLenth = Rx_Buf [1];
        for( i = 1; i < ( u16_TempLenth - 2 ) ; i++ )
        {
            u8_TempCheck += Rx_Buf[i];        // 根据帧格式定义计算校验和
        }

        if(( Rx_Buf[0] == 0x5E )
            && ( Rx_Buf[u16_TempLenth - 2] == u8_TempCheck )
            && ( Rx_Buf[u16_TempLenth - 1] == 0xE5 )        // 表示收到完整且正确的帧
        {
            // 帧数据处理
        }
    }
```

帧定义：

红外唤醒：当 MCU 检查到红外信号后，向上位机发送 5E 06 00 01 07 E5，进行唤醒控制。当上位机收到"唤醒控制"帧后，向 MCU 发送 5E 08 02 01 **4F 4B** A5 E5，进行收到应答；若上位机未收到正确帧，则向 MCU 发送 5E 08 02 01 **45 52** A2 E5，进行未收到应答。其中 0x4F 0x4B 表示"OK"，0x45 0x52 表示"ER"。

睡眠控制：上位机在进入睡眠模式前，向 MCU 发送 5E 06 00 02 08 E5，进行睡眠控制。当 MCU 收到"睡眠控制"帧后，向上位机发送 5E 08 02 02 4F 4B A6 E5，进行收到应答；若 MCU 未收到正确帧，则向上位机发送 5E 08 02 02 45 52 A3 E5，进行未收到应答。

stm32 和红外模块如图 9-56 所示。

（4）人脸识别系统的实现（见图 9-57）

3D 养老管家面向一个家庭，或是一个小型社交团体，或是一个企业，用户使用本产品前可将使用本产品的人的昵称，人物关系，家庭或企业名称及照片（含人脸，jpg、png、bmp 格式均可）提供给开发者，由开发者进行注册操作。通过 OTG 连接 USB 口，外设摄像头由人体红外测距模块触发，继而开始对视频流中的每一帧检测，识别出人脸时，将人脸框出，并与线上交互实现（http 协议实现，因此设备需联网）人脸辨识，如若检测匹配到相似度大于 90%，则播放欢迎用户视频，并进行语音监听，等待用户指令。

图 9-56

stm32和红外模块

图 9-57

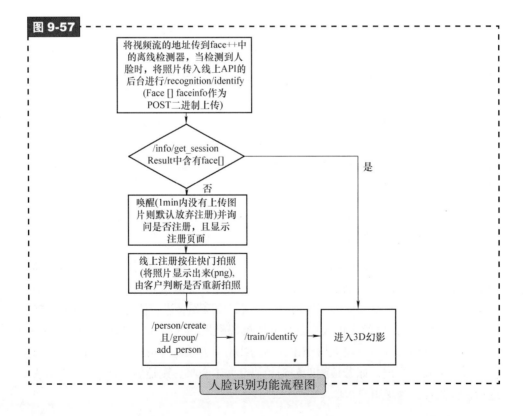

人脸识别功能流程图

放置于 Z 形架上的平板电脑，虽有摄像头装置，但因为角度问题不能方便地进行人脸图像采集。因此需要购买微型摄像头。可选购支持平板电脑操作系统的微型摄像头。

图 9-58 所示为支持安卓系统手机微型摄像头。

（5）3D 视频制作实现（见图 9-59，图 9-60）

动画的基本制作是在 MikuMikuDance 中完成的。每段动画均需要选取正面，左面，右面，背面，从 4 个不同的方向来合成 4 段动画，合成后用会声会影将 4 个动画整合成一个整体。在视频轨中增加 4 个覆叠轨，然后将前后左右四段动画分别放置于 4 段覆叠轨上即可。

图 9-58

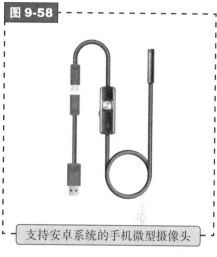

支持安卓系统的手机微型摄像头

为保证 4 段动画的人物大小基本相同，调出网格线并放大或缩小覆叠轨大小。

图 9-59

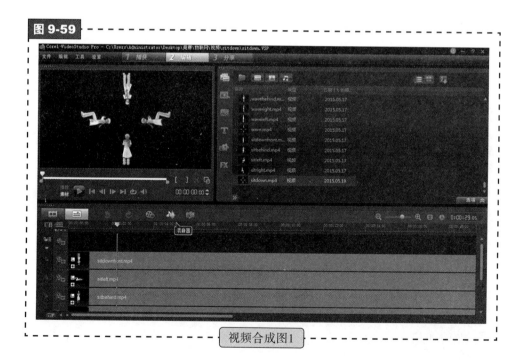

视频合成图1

（6）服务功能场景的设计

以基本设计和电灯开关场景为例，介绍服务功能的设计过程

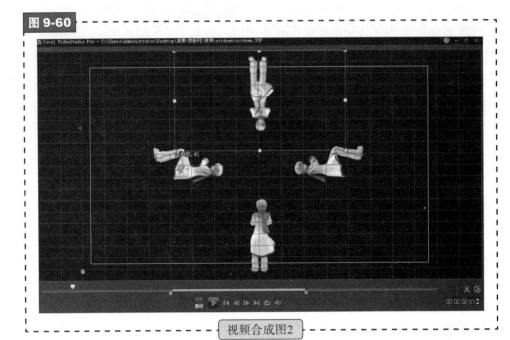

图 9-60

视频合成图2

基本场景：

> 本产品的人物名称：miku。
> 本产品对用户的称呼：主人。
> 本产品的人物动作基本设定：人物动作总体的风格可以选择中国式风格或者是日漫式风格。中国式风格可以按照中国的礼仪来设置相关动作。日漫式风格可以按照日本动画中萌妹子的行为来设置相关动作。下面按照中国式风格来设计人物场景动作。
> 本产品通过语音唤醒功能对人物进行唤醒，唤醒过程如下：
> 　　用户：miku。
> 　　Miku：在的，主人，（请问您有什么吩咐吗？）。
> 　　设想动作：女子揖礼。

电灯开关场景：

> 用户：miku，帮我把客厅的电灯打开。（miku，打开客厅的电灯）
> Miku：好的，主人。
> 设想动作：微微颔首，然后站立。
> Miku：（电灯已打开）主人，电灯已经打开了。
> 设想动作：眨眼。

（7）成像方案设计实现

• **设计思路及相关尺寸**

产品的投影成像系统是"幻像投影"，利用了"佩珀尔幻象"原理，通过半透半反玻璃，投射出真实光源的虚像。根据之前试验的小模型，来制作这个大模型。小模型中，每个侧面的都是等腰三角形，并且其边长的比例是 4.33:4.33:5，顶角是 70.5°，只有是这个比例时，做成的四棱锥金字塔才能投影出立体图像。

主要材料：亚克力板（200cm×200cm×2），硬纸板，角铁。

主要工具：美工刀、宽胶带、直尺（80cm）、三角尺、铅笔、圆规等。

所买材料是 2 块 915cm×1830cm 的透明板，为了将材料最大程度利用，采用图 9-61 所示方式：

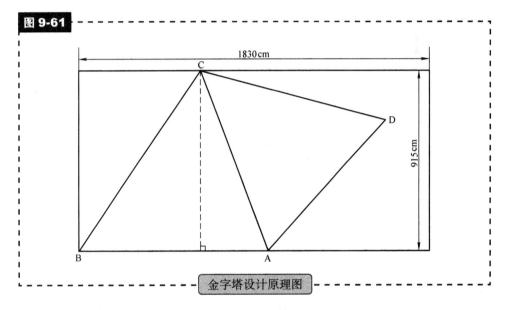

图 9-61

金字塔设计原理图

• **制作过程：**

360° 金字塔式：我们首先去建材城购买角铁支架，搭成 1.2m×1.2m×2m 长方体支架。在距离顶部 60cm 的地方固定一层纸板，作为上下层的分界，纸板中间掏出 80cm×80cm 的方洞用来透过投影仪的光线。制作好的金字塔就放在这层纸板上。然后弄来一些硬纸板将下层空间封上三面，只留一面用于进出调试。用于承接投影的白板固定在支架顶端。效果如图 9-62、图 9-63 所示。

270° 金字塔式：金字塔全息玻璃厂家定制一般 19in，字塔长、宽、高分别是 47cm、34cm、23cm，成像可达到 20cm 左右。搭配如图 9-64 的安卓一体机，具有音频输入输出接口，可以连接音响话筒。改进后的外观及置物架如图 9-65 所示。

图 9-62

360度金字塔式外观近图

图 9-63

360度金字塔式整体外观

图 9-64

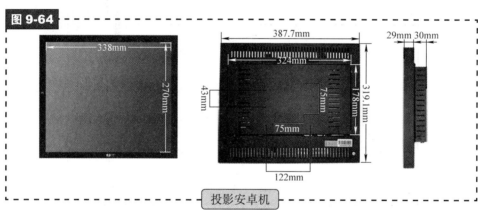

投影安卓机

图 9-65

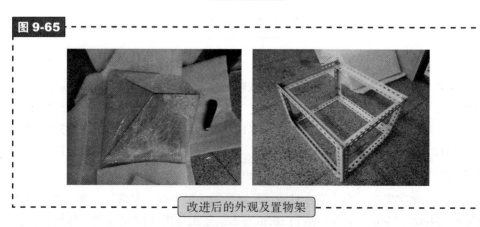

改进后的外观及置物架

180° Z字形（最终效果）：同样利用"佩博尔幻象"原理，但因角度只有180°，所以制作上更加简单，如图9-66所示。

图 9-66

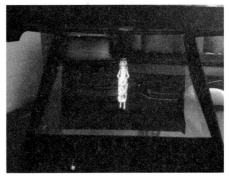

Z字形成像效果

▶▶ 9.3.4 测试结果

— 语音系统能够实现既定功能，语音识别成功率能够达到 99%。

— 语音合成准确，对于汉字、英语、阿拉伯数字都能正确合成。

— 语义理解功能良好，能够正常解析既定的对话场景。

— 硬件功能模块能够实现红外感应唤醒，在 2m 范围内均能灵敏感应并立即唤醒。

— 万能遥控模块能够准确实现开关电灯。

— 目前仅能针对照片识别或是调用系统摄像视频流分析并识别，未来继续探寻外接摄像头 OTG 模式视频流分析。

— 3D 视频基本完成指定动作要求，人物动作流畅无违和感，实物清晰度足够，基本满足产品需求。

经过测试，最终作品外观成型。硬件上能够长时间运行，不易出现问题。这种方式原理简单，技术难度较低并且十分成熟。在成像效果上有着较强的立体感和纵深感。硬件维护不频繁复杂，简单可靠。成像清晰度，亮度等指标要能够满足在比较强的光线背景下也能有较好的成像效果。180° "Z" 字形的结构，长、宽、高分别是 25cm、20cm、19cm，由硬质塑料制成，最重要的成像镜面是透明亚克力板贴上一层全息膜，整体轻便简洁，适合于家庭和个人使用。

思考题

1. 在智能旅行箱项目中，动态蓝牙三角定位算法是如何实现的？

2. 结合意念四驱车案例，简述蓝牙 BT-HC05 模块的特征、工作模式及引脚排列。

3. 简述 3D 养老小管家中红外唤醒功能的实现过程。

4. 结合项目需求，选定单片机、传感器、无线通信技术、移动终端平台等，并完成系统框图。

参 考 文 献

[1] 殷瑞钰，等.工程哲学.[M].2版.北京：高等教育出版社，2007.

[2] 李伯聪，等.工程创新：突破壁垒和躲避陷阱[M].杭州：浙江大学出版社，2010.

[3] 陈雅兰.原始性创新的路径、方法与实证研究[M].北京：清华大学出版社，2015.

[4] 米哈里·希斯赞特米哈伊.创造力心流与创新心理学[M].黄珏苹，译.杭州：浙江人民出版社，2015.

[5] 托尼·瓦格纳.创新者的培养：如何培养改变世界的创新人才[M].陈劲，等，译.北京：科学出版社，2015.

[6] 周苏.创新思维与TRIZ创新方法[M].北京：清华大学出版社，2015.

[7] 刘德智，吴弘，郑炳章.知识创新与创业管理[M].北京：清华大学出版社，2015.

[8] 何静.大学生创新能力开发与应用[M].上海：同济大学出版社，2011.

[9] 杰夫·戴尔.创新者的基因[M].曾佳宁，等译.北京：中信出版社，2013.

[10] 张海霞，金海燕.iCAN创新创业之路[M].北京：机械工业出版社，2015.

[11] 麦克依文，卡西麦利.物联网设计：从原型到产品[M].张崇明，译.北京：人民邮电出版社，2015.

[12] Jesse James Garrett.用户体验要素：以用户为中心的产品设计[M].范晓燕，译.北京：机械工业出版社，2011.

[13] 彭文波，等.修炼之道：互联网产品从设计到运营[M].北京：清华大学出版社，2012.

[14] 卡尔T.乌希，等.产品设计与开发(原书第5版)[M].杨青，等译.北京：机械工业出版社，2015.

[15] 余振华.术与道移动应用UI设计必修课[M].北京：人民邮电出版社，2016.

[16] 胡迪·利普森，梅尔芭·库曼.3D打印：从想象到现实[M].赛迪研究院专家组，译.北京：中信出版社，2013.

[17] 马维华.嵌入式微控制器技术及应用[M].北京：北京航空航天大学出版社，2015.

[18] Raj Kamal.微控制器：架构.编程.接口和系统设计[M].张炯，等译.北京：机械工业出版社，2009.

[19] Greg Osborn.嵌入式微控制器与处理器设计[M].宋廷强，等译.北京：机械工业出版社，2011.

[20] 丁筱玲，王成义.微控制器原理及应用[M].北京：北京大学出版社，2014.

[21] Trevor Martin.Cortex-M处理器设计指南[M].孙彪，等译.北京：机械工业出版社，2015.

[22] 廖义奎.Cortex-M3之STM32嵌入式系统设计[M].北京：中国电力出版社，2012.

[23] 王苑增，等.基于ARM Cortex-M3的STM32微控制器实战教程[M].北京：电子工业出版社，2014.

[24] 刘火良，杨森.STM32库开发实战指南[M].北京：机械工业出版社，2013.

[25] 杨光祥，等.STM32单片机原理与工程实践[M].武汉：武汉理工大学出版社，2013.

[26] Steven F Barrett. Arduino 高级开发权威指南 [M]. 潘鑫磊，译 . 北京：机械工业出版社，2014.

[27] 惠特 (Wheat，D.). Arduino 技术内幕 [M]. 翁恺，译 . 北京：人民邮电出版社，2013.

[28] 沈金鑫 . Arduino 与 LabVIEW 开发实战 [M]. 北京：机械工业出版社，2014.

[29] Michael McRoberts . Arduino 从基础到实践 [M]. 杨继志，等，译 . 北京：电子工业出版社，2013.

[30] Simmon.Monk. 创客学堂 Arduino 项目 33 例 [M]. 唐乐，译 . 北京：科学出版社，2014.

[31] 柯博文 . 树莓派 (Raspberry Pi) 实战指南 [M]. 北京：清华大学出版社，2015.

[32] Matt Richardson，Shawn Wallace. 爱上 Raspberry Pi[M]. 李凡希，译 . 北京：科学出版社，2013.

[33] Rushi Gajjar. 树莓派 + 传感器：创建智能交互项目的实用方法、工具及最佳实践 [M]. 胡训强，等译 . 北京：机械工业出版社，2016.

[34] 姜香菊 . 传感器原理及应用 [M]. 北京：机械工业出版社，2015.

[35] 刘少强，张靖 . 现代传感器技术：面向物联网应用 [M]. 2 版 . 北京：电子工业出版社，2016.

[36] 黄玉兰 . 物联网传感器技术与应用 [M]. 北京：人民邮电出版社，2014.

[37] 蒋亚东，谢光忠，苏元捷 . 物联天下 • 传感先行：传感器导论 [M]. 北京：科学出版社，2016.

[38] Charles Bell. 学 Arduino 和树莓派玩转传感器网络 [M]. 张佳进，等译 . 北京：人民邮电出版社，2015.

[39] 陈雯柏，等 . 智能机器人原理与实践 [M]. 北京：清华大学出版社，2016.

[40] Gordon McComb. 小型智能机器人制作全攻略 [M]. 臧海波，译 . 北京：人民邮电出版社，2013.

[41] 欧阳骏，陈子龙，黄宁淋 . 蓝牙 4.0 BLE 开发完全手册 [M]. 北京：化学工业出版社，2013.

[42] 王小强，欧阳骏，等 . ZigBee 无线传感器网络设计与实现 [M]. 北京：化学工业出版社，2012.

[43] 葛广英，葛菁，赵云龙 . ZigBee 原理、实践及应用 [M]. 北京：清华大学出版社，2015.

[44] 姚尚朗，靳岩，等 . Android 开发入门与实战 [M]. 2 版 . 北京：人民邮电出版社，2013.

[45] 李刚 . 疯狂 Android 讲义 [M]. 3 版 . 北京：电子工业出版社，2015.

[46] 明日科技 . Android 从入门到精通 [M]. 北京：清华大学出版社，2012.

[47] 郭霖 . 第一行代码 Android[M]. 北京：人民邮电出版社，2014.

[48] David Mark，Jack Nutting，Kim Topley，等 . 精通 iOS 开发 (原书第 7 版) [M]. 周庆成，等译 . 北京：人民邮电出版社，2015.

[49] 关东升 . iOS 开发指南 [M]. 4 版 . 北京：人民邮电出版社，2016.

[50] Scott Knaster，等 . Objective-C 基础教程 (原书第 2 版)[M]. 北京：人民邮电出版社，2013.

[51] Andrew Zacharakis，等．我是这样拿到风投的：和创业大师学写商业计划书（原书第 2 版）[M]．梁超群，等译．北京：机械工业出版社，2015.

[52] 国家科技风险开发事业中心．商业计划书编写指南 [M]．2 版．北京：电子工业出版社，2012.

[53] 邓立治．商业计划书：原理与案例分析 [M]．北京：机械工业出版社，2015.

[54] Simon Monk．基于 Arduino 的趣味电子制作 [M]．吴兰臻，等译．北京：科学出版社，2011.

[55] 辛喆．面向目标跟踪的传感器网络技术 [J]．电子技术与软件工程，2013(17):46.

[56] 林玮，陈传峰．基于 RSSI 的无线传感器网络三角形质心定位算法 [J]．现代电子技术，2009，32(2):180-182.

[57] 王寒，王赵翔，蓝天．虚拟现实：引领未来的人机交互革命 [M]．北京：机械工业出版社，2016.